사고력도 탄탄! 창의력도 탄탄!
수학 일등의 지름길 「기탄사고력수학」

♛ 단계별·능력별 프로그램식 학습지입니다

유아부터 초등학교 6학년까지 각 단계별로 4~6권씩 총 52권으로 구성되었으며, 처음 시작할 때 나이와 학년에 관계없이 능력별 수준에 맞추어 학습하는 프로그램식 학습지입니다.

♛ 사고력·창의력을 키워 주는 수학 학습지입니다

다양한 사고 단계를 거쳐 문제 해결력을 높여 주며, 개념과 원리를 이해하도록 하여 수학적 사고력을 키워 줍니다. 또 수학적 사고를 바탕으로 스스로 생각하고 깨닫는 창의력을 키워 줍니다.

♛ 유아 과정은 물론 초등학교 수학의 전 영역을 골고루 학습합니다

운필력, 공간 지각력, 수 개념 등 유아 과정부터 시작하여, 초등학교 과정인 수와 연산, 도형 등 수학의 전 영역을 골고루 다루어, 자녀들의 수학적 사고의 폭을 넓히는 데 큰 도움을 줍니다.

♛ 학습 지도 가이드와 다양한 학습 성취도 평가 자료를 수록했습니다

매주, 매달, 매 단계마다 학습 목표에 따른 지도 내용과 지도 요점, 완벽한 해설을 제공하여 학부모님께서 쉽게 지도하실 수 있습니다. 창의력 문제와 수학 경시 대회 예상 문제를 단계별로 수록, 수학 실력을 완성시켜 줍니다.

♛ 과학적 학습 분량으로 공부하는 습관이 몸에 배입니다

하루 10~20분 정도의 과학적 학습량으로 공부에 싫증을 느끼지 않게 하고, 학습에 자신감을 가지도록 하였습니다. 매일 일정 시간 꾸준하게 공부하도록 하면, 시키지 않아도 공부하는 습관이 몸에 배게 됩니다.

「기탄사고력수학」은
체계적이고 장기적인 프로그램으로
꾸준히 학습하면 반드시 성적으로 보답합니다

✿ 스몰 스텝(Small Step)방식으로 꾸준히 학습하면 성적이 올라갑니다

「기탄사고력수학」은 단순히 문제만 나열한 문제집이 아닙니다. 체계적이고 장기적인 학습프로그램을 통해 수학적 사고력과 창의력을 완성시켜 주는 스몰 스텝(Small Step)방식으로 꾸준히 학습하면 반드시 성적이 올라갑니다.

✿ 하루 3장, 10~20분씩 규칙적으로 학습하게 하세요

매일 일정 시간에 일정한 학습량을 꾸준히 재미있게 해야만 학습효과를 높일 수 있습니다. 주별로 분철하기 쉽게 제본되어 있으니, 교재를 구입하시면 먼저 분철하여 일주일 학습 분량만 자녀들에게 나누어 주세요. 그래야만 아이들이 학습 성취감과 자신감을 가질 수 있습니다.

✿ 자녀들의 수준에 알맞은 교재를 선택하세요

〈기탄사고력수학〉은 유아에서 초등학교 6학년까지, 나이와 학년에 관계없이 학습 난이도별로 자신의 능력에 맞는 단계를 선택하여 시작하는 능력별 교재입니다. 그러나 자녀의 수준보다 1~2단계 낮춘 교재부터 시작하면 학습에 더욱 자신감을 갖게 되어 효과적입니다.

교재 구분	교재 구성	대 상
A단계 교재	1, 2, 3, 4집	4세 ~ 5세 아동
B단계 교재	1, 2, 3, 4집	5세 ~ 6세 아동
C단계 교재	1, 2, 3, 4집	6세 ~ 7세 아동
D단계 교재	1, 2, 3, 4집	7세 ~ 초등학교 1학년
E단계 교재	1, 2, 3, 4, 5, 6집	초등학교 1학년
F단계 교재	1, 2, 3, 4, 5, 6집	초등학교 2학년
G단계 교재	1, 2, 3, 4, 5, 6집	초등학교 3학년
H단계 교재	1, 2, 3, 4, 5, 6집	초등학교 4학년
I 단계 교재	1, 2, 3, 4, 5, 6집	초등학교 5학년
J단계 교재	1, 2, 3, 4, 5, 6집	초등학교 6학년

「기탄사고력수학」으로
수학 성적 올리는 일등비법을 공개합니다

※ 문제를 먼저 풀어 주지 마세요

기탄사고력수학은 직관(전체 감지)을 논리(이론과 구체 연결)로 발전시켜 답을 구하도록 구성되었습니다. 쉽게 문제를 풀지 못하더라도 노력하는 과정에서 더 많은 것을 얻을 수 있으니, 약간의 힌트 외에는 자녀가 스스로 끝까지 문제를 풀어 나갈 수 있도록 격려해 주세요.

※ 교재는 이렇게 활용하세요

먼저 자녀들의 능력에 맞는 교재를 선택하세요. 그리고 일주일 분량씩 분철하여 매일 3장씩 풀 수 있도록 해 주세요. 한꺼번에 많은 양의 교재를 주시면 어린이가 부담을 느껴서 학습을 미루거나 포기하기 쉽습니다. 적당한 양을 매일매일 학습하도록 하여 수학 공부하는 재미를 느낄 수 있도록 해 주세요.

※ 교재 학습 과정을 꼭 지켜 주세요

한 주 학습이 끝날 때마다 창의력 문제와 경시 대회 예상 문제를 꼭 풀고 넘어가도록 해 주시고, 한 권(한 달 과정)이 끝나면 성취도 테스트와 종료 테스트를 통해 스스로 실력을 가늠해 볼 수 있도록 도와 주세요. 문제를 다 풀면 반드시 해답지를 이용하여 정확하게 채점해 주시고, 틀린 문제를 체크해 놓았다가 다음에는 확실히 풀 수 있도록 지도해 주세요.

※ 자녀의 학습 관리를 게을리 하지 마세요

수학적 사고는 하루 아침에 생겨나는 것이 아닙니다. 날마다 꾸준히 규칙적으로 학습해 나갈 때에만 비로소 수학적 사고의 기틀이 마련되는 것입니다. 교육은 사랑입니다. 자녀가 학습한 부분을 어머니께서 꼭 확인하시면서 사랑으로 돌봐 주세요. 부모님의 관심 속에서 자란 아이들만이 성적 향상은 물론 이 사회에서 꼭 필요한 인격체로 성장해 나갈 수 있다는 것도 잊지 마세요.

기탄 사고력 수학 교재별 학습 내용

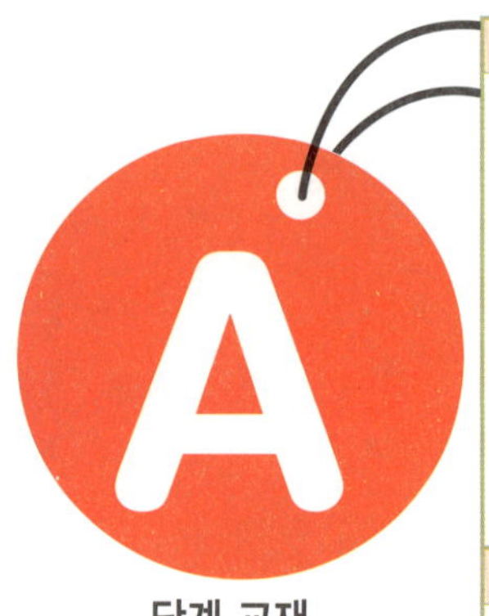

A 단계 교재

A - ❶ 교재	A - ❷ 교재
나와 가족에 대하여 알기 바른 행동 알기 다양한 선 그리기 다양한 사물 색칠하기 ○△□ 알기 똑같은 것 찾기 빠진 것 찾기 종류가 같은 것과 다른 것 찾기 관찰력, 논리력, 사고력 키우기	필요한 물건 찾기 관계 있는 것 찾기 다양한 기준에 따라 분류하기 (종류, 용도, 모양, 색깔, 재질, 계절, 성질 등) 두 가지 기준에 따라 분류하기 다섯까지 세기 변별력 키우기 미로 통과하기
A - ❸ 교재	**A - ❹ 교재**
다양한 기준으로 비교하기 (길이, 높이, 양, 무게, 크기, 두께, 넓이, 속도, 깊이 등) 시간의 순서 비교하기 반대 개념 알기 3까지의 숫자 배우기 그림 퍼즐 맞추기 미로 통과하기	최상급 개념 알기 다양한 기준으로 순서 짓기 (크기, 시간, 길이, 두께 등) 네 가지 이상 비교하기 이중 서열 알기 ABAB, ABCABC의 규칙성 알기 다양한 규칙 이해하기 부분과 전체 알기 5까지의 숫자 배우기 일대일 대응, 일대다 대응 알기 미로 통과하기

B 단계 교재

B - ❶ 교재	B - ❷ 교재
열까지 세기 9까지의 숫자 배우기 사물의 기본 모양 알기 모양 구성하기 모양 나누기와 합치기 같은 모양, 짝이 되는 모양 찾기 위치 개념 알기 (위, 아래, 앞, 뒤) 위치 파악하기	9까지의 수량, 수 단어, 숫자 연결하기 구체물을 이용한 수 익히기 반구체물을 이용한 수 익히기 위치 개념 알기 (안, 밖, 왼쪽, 가운데, 오른쪽) 다양한 위치 개념 알기 시간 개념 알기 (낮, 밤) 구체물을 이용한 수와 양의 개념 알기 (같다, 많다, 적다)
B - ❸ 교재	**B - ❹ 교재**
순서대로 숫자 쓰기 거꾸로 숫자 쓰기 1 큰 수와 2 큰 수 알기 1 작은 수와 2 작은 수 알기 반구체물을 이용한 수와 양의 개념 알기 보존 개념 익히기 여러 가지 단위 배우기	순서수 알기 사물의 입체 모양 알기 입체 모양 나누기 두 수의 크기 비교하기 여러 수의 크기 비교하기 0의 개념 알기 0부터 9까지의 수 익히기

C 단계 교재

C - ❶ 교재	C - ❷ 교재
구체물을 통한 수 가르기 반구체물을 통한 수 가르기 숫자를 도입한 수 가르기 구체물을 통한 수 모으기 반구체물을 통한 수 모으기 숫자를 도입한 수 모으기	수 가르기와 모으기 여러 가지 방법으로 수 가르기 수 모으고 다시 수 가르기 수 가르고 다시 수 모으기 더해 보기 세로로 더해 보기 빼 보기 세로로 빼 보기 더해 보기와 빼 보기 바꾸어서 셈하기

C - ❸ 교재	C - ❹ 교재
길이 측정하기　　높이 측정하기 넓이 측정하기　　크기 측정하기 둘레 측정하기　　무게 측정하기 부피 측정하기　　들이 측정하기 활동 시간 알아보기　시간의 순서 알아보기 여러 가지 측정하기	열 개 열 개 만들어 보기 열 개 묶어 보기 자리 알아보기 수 '10' 알아보기 10의 크기 알아보기 더하여 10이 되는 수 알아보기 열다섯까지 세어 보기 스물까지 세어 보기

D 단계 교재

D - ❶ 교재	D - ❷ 교재
수 11~20 알기 11~20까지의 수 알기 30까지의 수 알아보기 자릿값을 이용하여 30까지의 수 나타내기 40까지의 수 알아보기 자릿값을 이용하여 40까지의 수 나타내기 자릿값을 이용하여 50까지의 수 나타내기 50까지의 수 알아보기	상자 모양, 공 모양, 둥근기둥 모양 알아보기 공간 위치 알아보기 입체도형으로 모양 만들기 여러 방향에서 본 모습 관찰하기 평면도형 알아보기 선대칭 모양 알아보기 모양 만들기와 탱그램

D - ❸ 교재	D - ❹ 교재
덧셈 이해하기 10이 되는 더하기 여러 가지로 더해 보기 덧셈 익히기 뺄셈 이해하기 10에서 빼기 여러 가지로 빼 보기 뺄셈 익히기	조사하여 기록하기 그래프의 이해 그래프의 활용 분수의 이해 시간 느끼기 사건의 순서 알기 소요 시간 알아보기 달력 보기 시계 보기 활동한 시간 알기

기탄 **사고력** 수학 교재별 학습 내용

E
단계 교재

E - ❶ 교재	E - ❷ 교재	E - ❸ 교재
사물의 개수를 세어 보고 1, 2, 3, 4, 5 알아보기 0의 개념과 0~5까지의 수의 순서 알기 하나 더 많다, 적다의 개념 알기 두 수의 크기 비교하기 사물의 개수를 세어 보고 6, 7, 8, 9 알아보기 0~9까지의 수의 순서 알기 하나 더 많다, 적다의 개념 알기 두 수의 크기 비교하기 여러 가지 모양 알아보기, 찾아보기, 만들어 보기 규칙 찾기	두 수로 가르기 두 수를 모으기 가르기와 모으기 덧셈식 알아보기 뺄셈식 알아보기 길이 비교해 보기 높이 비교해 보기 들이 비교해 보기 무게 비교해 보기 넓이 비교해 보기	수 10(십) 알아보기 19까지의 수 알아보기 몇십과 몇십 몇 알아보기 물건의 수 세기 50까지 수의 순서 알아보기 두 수의 크기 비교하기 분류하기 분류하여 세어 보기
E - ❹ 교재	E - ❺ 교재	E - ❻ 교재
수 60, 70, 80, 90 99까지의 수 수의 순서 두 수의 크기 비교 여러 가지 모양 알아보기, 찾아보기 여러 가지 모양 만들기, 그리기 규칙 찾기 10을 두 수로 가르기 10이 되도록 두 수를 모으기	10이 되는 더하기 10에서 빼기 세 수의 덧셈과 뺄셈 (몇십)+(몇), (몇십 몇)+(몇), (몇십 몇)+(몇십 몇) (몇십 몇)-(몇), (몇십 몇)-(몇십 몇) 긴바늘, 짧은바늘 알아보기 몇 시 알아보기 몇 시 30분 알아보기	세 수의 덧셈 받아올림이 있는 (몇)+(몇) 받아내림이 있는 (십 몇)-(몇) 세 수의 계산 덧셈식, 뺄셈식 만들기 □가 있는 덧셈식, 뺄셈식 만들기 여러 가지 방법으로 해결하기

F
단계 교재

F - ❶ 교재	F - ❷ 교재	F - ❸ 교재
백(100)과 몇백(200, 300, ……)의 개념 이해 세 자리 수와 뛰어 세기의 이해 세 자리 수의 크기 비교 받아올림이 있는 (두 자리 수)+(한 자리 수)의 계산 받아내림이 있는 (두 자리 수)-(한 자리 수)의 계산 세 수의 덧셈과 뺄셈 선분과 직선의 차이 이해 사각형, 삼각형, 원 등의 여러 가지 모양 쌓기나무로 똑같이 쌓아 보고 여러 가지 모양 만들기 배열 순서에 따라 규칙 찾아내기	받아올림이 있는 (두 자리 수)+(두 자리 수)의 계산 받아내림이 있는 (두 자리 수)-(두 자리 수)의 계산 여러 가지 방법으로 계산하고 세 수의 혼합 계산 길이 비교와 단위길이의 비교 길이의 단위(cm) 알기 길이 재기와 길이 어림하기 어떤 수를 □로 나타내기 덧셈식·뺄셈식에서 □의 값 구하기 어떤 수를 구하는 식 만들기 식에 알맞은 문제 만들기	시각 읽기 시각과 시간의 차이 알기 하루의 시간 알기 달력을 보며 1년 알기 몇 시 몇 분 전 알기 반 시간 알기 묶어 세기 몇 배 알아보기 더하기를 곱하기로 나타내기 덧셈식과 곱셈식으로 나타내기
F - ❹ 교재	F - ❺ 교재	F - ❻ 교재
2~9의 단 곱셈구구 익히기 1의 단 곱셈구구와 0의 곱 곱셈표에서 규칙 찾기 받아올림이 없는 세 자리 수의 덧셈 받아내림이 없는 세 자리 수의 뺄셈 여러 가지 방법으로 계산하기 미터(m)와 센티미터(cm) 길이 재기 길이 어림하기 길이의 합과 차	받아올림이 있는 세 자리 수의 덧셈 받아내림이 있는 세 자리 수의 뺄셈 여러 가지 방법으로 덧셈·뺄셈하기 세 수의 혼합 계산 똑같이 나누기 전체와 부분의 크기 분수의 쓰기와 읽기 분수만큼 색칠하고 분수로 나타내기 표와 그래프로 나타내기 조사하여 표와 그래프로 나타내기	□가 있는 곱셈식을 만들어 문제 해결하기 규칙을 찾아 문제 해결하기 거꾸로 생각하여 문제 해결하기

단계 교재

G - ❶ 교재	G - ❷ 교재	G - ❸ 교재
1000의 개념 알기 몇천, 네 자리 수 알기 수의 자릿값 알기 뛰어 세기, 두 수의 크기 비교 세 자리 수의 덧셈 덧셈의 여러 가지 방법 세 자리 수의 뺄셈 뺄셈의 여러 가지 방법 각과 직각의 이해 직각삼각형, 직사각형, 정사각형의 이해	똑같이 묶어 덜어 내기와 똑같게 나누기 나눗셈의 몫 곱셈과 나눗셈의 관계 나눗셈의 몫을 구하는 방법 나눗셈의 세로 형식 곱셈을 활용하여 나눗셈의 몫 구하기 평면도형 밀기, 뒤집기, 돌리기 평면도형 뒤집고 돌리기 (몇십)×(몇)의 계산 (두 자리 수)×(한 자리 수)의 계산	분수만큼 알기와 분수로 나타내기 몇 개인지 알기 분수의 크기 비교 mm 단위를 알기와 mm 단위까지 길이 재기 km 단위를 알기 km, m, cm, mm의 단위가 있는 길이의 합과 차 구하기 시각과 시간의 개념 알기 1초의 개념 알기 시간의 합과 차 구하기
G - ❹ 교재	G - ❺ 교재	G - ❻ 교재
(네 자리 수)+(세 자리 수) (네 자리 수)+(네 자리 수) (네 자리 수)−(세 자리 수) (네 자리 수)−(네 자리 수) 세 수의 덧셈과 뺄셈 (세 자리 수)×(한 자리 수) (몇십)×(몇십) / (두 자리 수)×(몇십) (두 자리 수)×(두 자리 수) 원의 중심과 반지름 / 그리기 / 지름 / 성질	(몇십)÷(몇) 내림이 없는 (몇십 몇)÷(몇) 나눗셈의 몫과 나머지 나눗셈식의 검산 / (몇십 몇)÷(몇) 들이 / 들이의 단위 들이의 어림하기와 합과 차 무게 / 무게의 단위 무게의 어림하기와 합과 차 0.1 / 소수 알아보기 소수의 크기 비교하기	막대그래프 막대그래프 그리기 그림그래프 그림그래프 그리기 알맞은 그래프로 나타내기 규칙을 정해 무늬 꾸미기 규칙을 찾아 문제 해결 표를 만들어서 문제 해결 예상과 확인으로 문제 해결

단계 교재

H - ❶ 교재	H - ❷ 교재	H - ❸ 교재
만 / 다섯 자리 수 / 십만, 백만, 천만 억 / 조 / 큰 수 뛰어서 세기 두 수의 크기 비교 100, 1000, 10000, 몇백, 몇천의 곱 (세,네 자리 수)×(두 자리 수) 세 수의 곱셈 / 몇십으로 나누기 (두,세 자리 수)÷(두 자리 수) 각의 크기 / 각 그리기 / 각도의 합과 차 삼각형의 세 각의 크기의 합 사각형의 네 각의 크기의 합	이등변삼각형 / 이등변삼각형의 성질 정삼각형 / 예각과 둔각 예각삼각형 / 둔각삼각형 덧셈, 뺄셈 또는 곱셈, 나눗셈이 섞여 있는 혼합 계산 덧셈, 뺄셈, 곱셈, 나눗셈이 섞여 있는 혼합 계산 ( ), { }가 있는 혼합 계산 분수와 진분수 / 가분수와 대분수 대분수를 가분수로, 가분수를 대분수로 나타내기 분모가 같은 분수의 크기 비교	소수 소수 두 자리 수 소수 세 자리 수 소수 사이의 관계 소수의 크기 비교 규칙을 찾아 수로 나타내기 규칙을 찾아 글로 나타내기 새로운 무늬 만들기
H - ❹ 교재	H - ❺ 교재	H - ❻ 교재
분모가 같은 진분수의 덧셈 분모가 같은 대분수의 덧셈 분모가 같은 진분수의 뺄셈 분모가 같은 대분수의 뺄셈 분모가 같은 대분수와 진분수의 덧셈과 뺄셈 소수의 덧셈 / 소수의 뺄셈 수직과 수선 / 수선 긋기 평행선 / 평행선 긋기 평행선 사이의 거리	사다리꼴 / 평행사변형 / 마름모 직사각형과 정사각형의 성질 다각형과 정다각형 / 대각선 여러 가지 모양 만들기 여러 가지 모양으로 덮기 직사각형과 정사각형의 둘레 1cm² / 직사각형과 정사각형의 넓이 여러 가지 도형의 넓이 이상과 이하 / 초과와 미만 / 수의 범위 올림과 버림 / 반올림 / 어림의 활용	꺾은선그래프 꺾은선그래프 그리기 물결선을 사용한 꺾은선그래프 물결선을 사용한 꺾은선그래프 그리기 알맞은 그래프로 나타내기 꺾은선그래프의 활용 두 수 사이의 관계 두 수 사이의 관계를 식으로 나타내기 문제를 해결하고 풀이 과정을 설명하기

기탄꼬력수학 교재별 학습 내용

Ⅰ 단계 교재

Ⅰ - ❶ 교재
약수 / 배수 / 배수와 약수의 관계
공약수와 최대공약수
공배수와 최소공배수
크기가 같은 분수 알기
크기가 같은 분수 만들기
분수의 약분 / 분수의 통분
분수의 크기 비교 / 진분수의 덧셈
대분수의 덧셈 / 진분수의 뺄셈
대분수의 뺄셈 / 세 분수의 덧셈과 뺄셈

Ⅰ - ❷ 교재
세 분수의 덧셈과 뺄셈
(진분수)×(자연수) / (대분수)×(자연수)
(자연수)×(진분수) / (자연수)×(대분수)
(단위분수)×(단위분수)
(진분수)×(진분수) / (대분수)×(대분수)
세 분수의 곱셈 / 합동인 도형의 성질
합동인 삼각형 그리기
면, 모서리, 꼭짓점
직육면체와 정육면체
직육면체의 성질 / 겨냥도 / 전개도

Ⅰ - ❸ 교재
평행사변형의 넓이
삼각형의 넓이
사다리꼴의 넓이
마름모의 넓이
넓이의 단위 m^2, a
넓이의 단위 ha, km^2
넓이의 단위 관계
무게의 단위

Ⅰ - ❹ 교재
분수와 소수의 관계
분수를 소수로, 소수를 분수로 나타내기
분수와 소수의 크기 비교
1÷(자연수)를 곱셈으로 나타내기
(자연수)÷(자연수)를 곱셈으로 나타내기
(진분수)÷(자연수) / (가분수)÷(자연수)
(대분수)÷(자연수)
분수와 자연수의 혼합 계산
선대칭도형/선대칭의 위치에 있는 도형
점대칭도형/점대칭의 위치에 있는 도형

Ⅰ - ❺ 교재
(소수)×(자연수) / (자연수)×(소수)
곱의 소수점의 위치
(소수)×(소수)
소수의 곱셈
(소수)÷(자연수)
(자연수)÷(자연수)
줄기와 잎 그림
그림그래프
평균
자료를 그래프로 나타내고 설명하기

Ⅰ - ❻ 교재
두 수의 크기 비교
비율
백분율
할푼리
실제로 해 보기와 표 만들기
그림 그리기와 식 만들기
예상하고 확인하기와 표 만들기
실제로 해 보기와 규칙 찾기

J 단계 교재

J - ❶ 교재
(자연수)÷(단위분수)
분모가 같은 진분수끼리의 나눗셈
분모가 다른 진분수끼리의 나눗셈
(자연수)÷(진분수) / 대분수의 나눗셈
분수의 나눗셈 활용하기
소수의 나눗셈 / (자연수)÷(소수)
소수의 나눗셈에서 나머지
반올림한 몫
입체도형과 각기둥 / 각뿔
각기둥의 전개도 / 각뿔의 전개도

J - ❷ 교재
쌓기나무의 개수
쌓기나무의 각 자리, 각 층별로 나누어
개수 구하기
규칙 찾기
쌓기나무로 만든 것, 여러 가지 입체도형,
여러 가지 생활 속 건축물의 위, 앞, 옆
에서 본 모양
원주와 원주율 / 원의 넓이
띠그래프 알기 / 띠그래프 그리기
원그래프 알기 / 원그래프 그리기

J - ❸ 교재
비례식
비의 성질
가장 작은 자연수의 비로 나타내기
비례식의 성질
비례식의 활용
연비
두 비의 관계를 연비로 나타내기
연비의 성질
비례배분
연비로 비례배분

J - ❹ 교재
(소수)÷(분수) / (분수)÷(소수)
분수와 소수의 혼합 계산
원기둥 / 원기둥의 전개도
원뿔
회전체 / 회전체의 단면
직육면체와 정육면체의 겉넓이
부피의 비교 / 부피의 단위
직육면체와 정육면체의 부피
부피의 큰 단위
부피와 들이 사이의 관계

J - ❺ 교재
원기둥의 겉넓이
원기둥의 부피
경우의 수
순서가 있는 경우의 수
여러 가지 경우의 수
확률
미지수를 x로 나타내기
등식 알기 / 방정식 알기
등식의 성질을 이용하여 방정식 풀기
방정식의 활용

J - ❻ 교재
두 수 사이의 대응 관계 / 정비례
정비례를 활용하여 생활 문제 해결하기
반비례
반비례를 활용하여 생활 문제 해결하기
그림을 그리거나 식을 세워 문제 해결하기
거꾸로 생각하거나 식을 세워 문제 해결하기
표를 작성하거나 예상과 확인을 통하여
문제 해결하기
여러 가지 방법으로 문제 해결하기
새로운 문제를 만들어 풀어 보기

학습 관리표

학습 내용		이번 주는?
정비례와 반비례	· 두 수 사이의 대응 관계 · 정비례 · 정비례를 활용하여 생활 문제 해결 · 반비례 · 반비례를 활용하여 생활 문제 해결 · 창의력 학습 · 경시대회 예상문제	• 학습 방법 : ① 매일매일　② 가끔　③ 한꺼번에 　　　　　　하였습니다. • 학습 태도 : ① 스스로 잘　② 시켜서 억지로 　　　　　　하였습니다. • 학습 흥미 : ① 재미있게　② 싫증내며 　　　　　　하였습니다. • 교재 내용 : ① 적합하다고 ② 어렵다고 ③ 쉽다고 　　　　　　하였습니다.
지도 교사가 부모님께		부모님이 지도 교사께
평가	Ⓐ 아주 잘함　　Ⓑ 잘함　　Ⓒ 보통　　Ⓓ 부족함	

원(교)　　　　반　이름　　　　전화

www.gitan.co.kr / (02)586-1007(대)

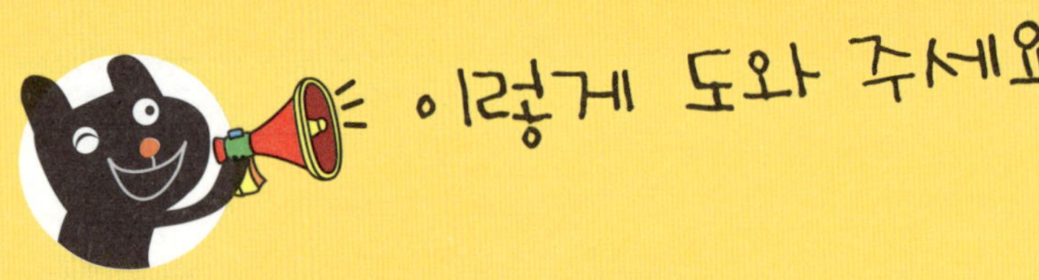

● 학습 목표
- 정비례의 뜻을 알고, 정비례 관계식을 구할 수 있습니다.
- 반비례의 뜻을 알고, 반비례 관계식을 구할 수 있습니다.
- 정비례와 반비례를 이용하여 실생활 문제를 해결할 수 있습니다.

● 지도 내용
- 두 양 사이의 관계를 식으로 나타낼 수 있도록 합니다.
- 대응하여 변하는 두 양 사이의 관계를 알며 정비례의 개념을 이해하고 정비례 관계식을 알아보게 합니다.
- 대응하여 변하는 두 양 사이의 관계를 알며 정비례의 문제를 이해합니다.
- 반비례하는 두 양 사이의 관계를 알며 반비례의 개념을 이해하고 반비례 관계식을 알아보게 합니다.
- 생활 장면의 문제를 반비례를 이용하여 풀도록 합니다.

● 지도 요점
대응하여 변하는 두 양 사이의 관계로부터 정비례, 반비례의 개념을 이해하고 정비례 관계식, 반비례 관계식을 알아보게 합니다. 또 대응하여 변하는 두 양 사이의 관계 중에서 정비례와 반비례가 있는 것을 알아보고 생활 장면에서 정비례와 반비례가 적용되는 문제를 해결하도록 지도합니다.

✿ 이름 :

✿ 날짜 :

✿ 시간 :　　시　　분 ~　　시　　분

확인

◆ 두 수 사이의 대응 관계(1) ◆

1 그림을 보고 공의 종류와 개수를 짝을 지어 대응되는 내용을 표에 써넣으시오.

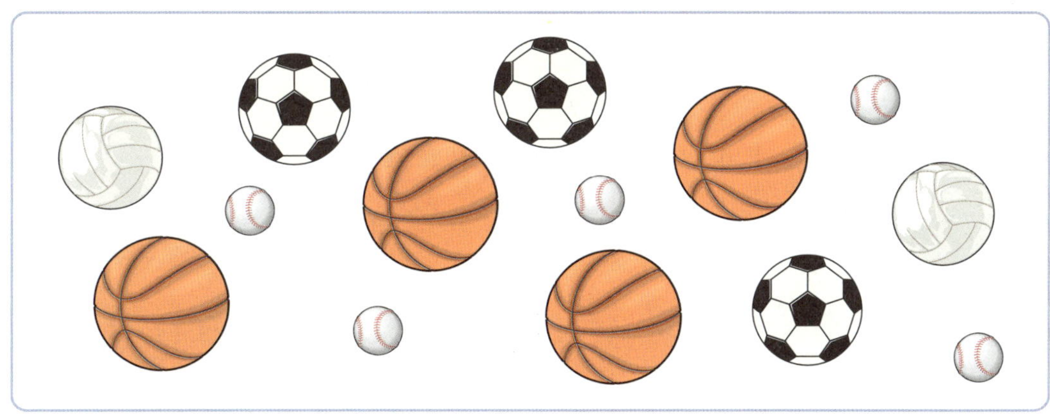

공의 종류	축구공	농구공	배구공	야구공
개수(개)				

2 빨간색, 파란색, 노란색 윗옷과 치마, 바지의 아래옷이 있을 때 윗옷과 아래옷을 다르게 입을 수 있는 경우를 각각 대응시켜 표에 나타내시오.

윗옷	빨간색	파란색	노란색			
아래옷	치마					

3 동전 한 개와 주사위 한 개를 동시에 던져서 나올 수 있는 동전의 면과 주사위의 눈을 각각 대응시켜 표에 나타내시오.

동전(면)	그림	그림	그림	그림	그림	그림	숫자					
주사위 눈							1	2	3	4	5	6

사고력 학습

4 명수네 반에서 속담 맞히기 게임을 하는데 한 문제를 맞힐 때마다 3점씩 받는다고 할 때 게임에서 맞힌 개수와 점수는 어떤 대응 관계가 있는지 알아 보려고 합니다. 물음에 답하시오.

(1) 게임에서 맞힌 개수가 1개라면 점수는 얼마입니까?

[답]

(2) 게임에서 맞힌 개수가 2개라면 점수는 얼마입니까?

[답]

(3) 게임에서 맞힌 개수를 x개, 점수를 y점이라 하고, x와 y의 대응 관계를 식으로 나타내시오.

[식]

5 앨범 한 쪽에 사진을 6장씩 넣고 있습니다. 앨범의 쪽수와 사진의 장수는 서로 어떤 대응 관계가 있는지 알아보려고 합니다. 물음에 답하시오.

(1) 앨범의 쪽수와 사진의 장수를 표로 나타내시오.

앨범의 쪽수(쪽)	1	2	3	4	5	6	7
사진의 장수(장)							

(2) 앨범의 쪽수가 늘어나면 사진의 장수는 어떻게 됩니까?

[답]

(3) 앨범의 쪽수를 x쪽, 사진의 장수를 y장이라 하고, x와 y의 대응 관계를 식으로 나타내시오.

[식]

 사고력 학습

✿ 이름 :

✿ 날짜 :

✿ 시간 :　시　분 ~ 　시　분

확인

◆ 두 수 사이의 대응 관계(2) ◆

대응되는 두 수 사이의 규칙을 찾아 다음 표를 완성하시오. [1~3]

1

| 내 나이 x(세) | 13 | 14 | 15 | ...... | 40 |
| 언니 나이 y(세) | 15 | 16 | | ...... | |

$y = \boxed{} + x$

2

| 택시의 수 x(대) | 1 | 2 | 3 | 4 | 5 |
| 바퀴의 수 y(개) | 4 | 8 | | | |

$y = \boxed{} \times x$

3

| 오각형의 수 x(개) | 1 | 2 | 3 | 4 | |
| 변의 수 y(개) | 5 | 10 | | | 25 |

$y = \boxed{} \times x$

사고력 학습

4 네발자전거가 있습니다. 이 자전거의 대수를 x대, 바퀴의 수를 y개라 할 때, x와 y의 대응 관계를 식으로 나타내시오.

[식]

5 책상 한 개에 의자가 2개씩 있습니다. 책상의 개수를 x개, 의자의 개수를 y개라 할 때, x와 y의 대응 관계를 식으로 나타내시오.

[식]

6 놀이 공원에서 한 칸에 6명이 탈 수 있는 청룡 열차가 있습니다. 청룡 열차의 칸수를 x칸, 탈 수 있는 사람 수를 y명이라 할 때, x와 y의 대응 관계를 식으로 나타내시오.

[식]

사고력 학습

◆ **정비례(1)** ◆

> 두 양 x, y에서 x가 2배, 3배, 4배, ……로 변함에 따라 y도 2배, 3배, 4배, ……로 변하는 관계가 있으면 y는 x에 정비례한다고 합니다. y가 x에 정비례할 때, $y=2×x$, $y=3×x$, ……와 같이 나타낼 수 있습니다.

1 1분에 4L씩 나오는 수돗물을 욕조에 받고 있습니다. 물을 받는 시간과 받는 물의 양의 관계를 알아보려고 합니다. 물음에 답하시오.

(1) 물을 받는 시간을 x분, 받는 물의 양을 yL라 하고, 다음 표의 빈 곳에 알맞은 수를 써넣으시오.

물을 받는 시간 x(분)	1	2	3	4
받는 물의 양 y(L)				

(2) (1)의 표에서 x가 2배, 3배, 4배로 변함에 따라 y는 각각 어떻게 변하고 있습니까?

[답]

(3) y는 x에 정비례합니까?

[답]

(4) 물을 받는 시간을 x분, 받는 물의 양을 yL라 하고, x와 y의 대응 관계를 식으로 나타내시오.

$$y = \boxed{} × x$$

2 한 개에 200원 하는 요구르트가 있습니다. 요구르트의 수에 따라 그 가격이 어떻게 변하는지 다음 표를 완성하시오.

요구르트의 수(개)	1	2	3	4	5	……
가격(원)						……

3 한 자루의 무게가 10g인 연필이 있습니다. 연필의 수를 x자루, 무게를 yg이라 할 때, x와 y의 대응 관계를 알아보려고 합니다. 물음에 답하시오.

(1) 연필 2자루의 무게는 몇 g입니까?

[답]

(2) 연필 3자루의 무게는 몇 g입니까?

[답]

(3) 연필 4자루의 무게는 몇 g입니까?

[답]

(4) 연필의 수를 x자루, 무게를 yg이라 하면, x가 2배, 3배, 4배로 변함에 따라 y는 각각 어떻게 변하고 있습니까?

[답]

(5) 연필의 수를 x자루, 무게를 yg이라 할 때, x와 y의 대응 관계를 식으로 나타내시오.

$$y = \boxed{} \times x$$

 사고력 학습

❀ 이름 :

❀ 날짜 :

❀ 시간 :　　시　　분 ~ 　시　　분

◆ **정비례(2)** ◆

1 수학 문제 1개를 푸는 데 걸리는 시간은 2분입니다. 수학 문제의 수 x개와 걸리는 시간 y분의 관계를 알아보려고 합니다. 물음에 답하시오.

x(개)	1	2	3	4	5	……
y(분)	2					……

(1) 표의 빈 곳에 알맞은 수를 써넣으시오.

(2) y는 x에 정비례합니까?

[답]

(3) x와 y의 대응 관계를 식으로 나타내시오.

[식]

🐸 다음 대응표를 보고, x와 y의 대응 관계를 식으로 나타내시오. [2~3]

2

x	3	4	5	6	7	……
y	9	12	15	18	21	……

[식]

3

x	6	7	8	9	10	……
y	30	35	40	45	50	……

[식]

사고력 학습

4 정비례 관계인 것을 모두 찾아 기호를 쓰시오.

> ㉠ 정사각형의 한 변의 길이와 둘레
> ㉡ 나이와 사람의 키
> ㉢ 원의 지름과 원주
> ㉣ 곱이 30인 두 수

[답]

5 한 상자에 사과가 15개씩 들어 있습니다. 상자의 수를 x개, 사과의 수를 y개라고 할 때, x와 y의 대응 관계를 식으로 나타내시오.

[식]

6 한 시간에 70km씩 달리는 고속버스가 있습니다. 달리는 시간을 x시간, 달리는 거리를 $y$km라고 할 때, x와 y의 대응 관계를 식으로 나타내시오.

[식]

사고력 학습

◆ 정비례를 활용하여 생활 문제 해결(1) ◆

1 15명이 탈 수 있는 승합차가 있습니다. 물음에 답하시오.

(1) 승합차의 수를 x대, 탈 수 있는 사람 수를 y명이라고 할 때, 다음 표를 완성하고 x와 y의 대응 관계를 식으로 나타내시오.

x(대)	1	2	3	4	5	……
y(명)	15					……

[식]

(2) 승합차가 8대이면 탈 수 있는 사람 수는 몇 명입니까?

[답]

2 한 권에 650원 하는 공책이 있습니다. 물음에 답하시오.

(1) 공책의 수를 x권, 공책값을 y원이라고 할 때, 다음 표를 완성하고 x와 y의 대응 관계를 식으로 나타내시오.

x(권)	1	2	3	4	5	……
y(원)						……

[식]

(2) 9100원으로는 공책을 몇 권 살 수 있습니까?

[답]

사고력 학습

3 휘발유 1L로 17km를 달리는 자동차가 있습니다. 이 자동차가 500km를 달리려면 몇 L의 휘발유가 필요한지 알아보려고 합니다. 물음에 답하시오.

(1) 휘발유 2L로 몇 km를 달릴 수 있습니까?

[답]

(2) 휘발유 3L로 몇 km를 달릴 수 있습니까?

[답]

(3) 휘발유 xL로 달리는 거리를 $y$km라고 할 때, x와 y의 대응 관계를 식으로 나타내시오.

[식]

(4) 휘발유 1L로 17km를 달린다고 할 때, 휘발유 xL로 500km를 달릴 수 있다는 것을 식으로 나타내시오.

[식]

(5) (4)의 식에서 x의 값을 구하시오.

[답]

(6) 500km를 달리려면 몇 L의 휘발유가 필요합니까?

[답]

◆ 정비례를 활용하여 생활 문제 해결(2) ◆

1 초등학생이 마을버스를 이용할 때 내는 요금은 300원입니다. 초등학생 11명이 마을버스를 탈 때 요금은 얼마인지 알아보려고 합니다. 물음에 답하시오.

(1) 학생 수를 x명, 요금을 y원이라고 할 때, x와 y의 대응 관계를 식으로 나타내시오.

[식]

(2) 초등학생 11명이 마을버스를 탈 때 요금은 얼마입니까?

[답]

2 한 가마니에 쌀이 80kg 있습니다. 쌀의 무게가 1040kg일 때 쌀은 모두 몇 가마니가 되는지 알아보려고 합니다. 물음에 답하시오.

(1) 쌀 가마니를 x가마니, 쌀의 무게를 $y$kg이라고 할 때, x와 y의 대응 관계를 식으로 나타내시오.

[식]

(2) 쌀의 무게가 1040kg일 때 쌀은 모두 몇 가마니가 됩니까?

[답]

사고력 학습

3 I분에 I.5km를 달리는 오토바이가 있습니다. 이 오토바이가 50분을 달렸다면 달린 거리는 몇 km인지 알아보려고 합니다. 물음에 답하시오.

(1) 달린 시간을 x분, 달린 거리를 $y$km라 할 때, x와 y의 대응 관계를 식으로 나타내시오.

[식]

(2) 이 오토바이가 50분을 달렸다면 달린 거리는 몇 km입니까?

[답]

4 신선 마트에서 밀가루 Ikg의 가격이 I400원이었습니다. 신선 마트에서 밀가루를 I1200원어치 샀다면 밀가루 몇 kg을 샀는지 알아보려고 합니다. 물음에 답하시오.

(1) 밀가루의 무게를 $x$kg, 밀가루의 가격을 y원이라 할 때, x와 y의 대응 관계를 식으로 나타내시오.

[식]

(2) 신선 마트에서 밀가루를 I1200원어치 샀다면 밀가루 몇 kg을 샀습니까?

[답]

 사고력 학습

◆ **정비례를 활용하여 생활 문제 해결(3)** ◆

1 1m의 무게가 25g인 철사가 있습니다. 철사의 길이를 xm, 철사의 무게를 yg이라 할 때, x와 y의 대응 관계를 식으로 나타내고, 무게가 800g인 철사의 길이는 몇 m가 되는지 구하시오.

[식] [답]

2 한 변이 $x$cm인 정사각형이 있습니다. 둘레가 $y$cm일 때 x와 y의 대응 관계를 식으로 나타내고, 둘레가 72cm인 정사각형의 한 변의 길이는 몇 cm인지 구하시오.

[식] [답]

3 어느 피시방은 한 시간에 1900원의 요금을 받습니다. 이용 시간을 x시간, 이용 요금을 y원이라 할 때, x와 y의 대응 관계를 식으로 나타내고, 4시간 이용했다면 이용한 요금은 얼마인지 구하시오.

[식] [답]

4 최고 문구점에서 연필을 살 때 한 타에 200원씩 할인 받는 쿠폰이 있었습니다. 사용한 쿠폰이 15장이라면 할인 받은 금액은 모두 얼마입니까?

[답]

5 어느 빵집은 한 시간에 30개의 빵을 만듭니다. 이 빵집에서 같은 빠르기로 450개의 빵을 만들려면 몇 시간이 걸립니까?

[답]

6 어느 나라의 석탄 매장량은 약 6000만 톤이라고 합니다. 이 나라에서 해마다 석탄을 240만 톤씩 사용한다면 석탄은 몇 년 동안 사용할 수 있습니까?

[답]

 사고력 학습

◆ 반비례(1) ◆

두 양 x, y에서 x가 2배, 3배, 4배, ……로 변함에 따라 y는 $\frac{1}{2}$배, $\frac{1}{3}$배, $\frac{1}{4}$배, ……로 변하는 관계가 있으면 y는 x에 반비례한다고 합니다.

y가 x에 반비례할 때, $x \times y = 2$, $x \times y = 3$, ……과 같이 나타낼 수 있습니다.

1 넓이가 18cm²인 직사각형을 그리려고 합니다. 가로와 세로의 길이의 대응 관계를 알아보려고 합니다. 물음에 답하시오.

(1) 가로를 $x$cm, 세로를 $y$cm라 하고 빈칸에 알맞은 수를 써넣으시오.

가로 x(cm)	1	2	3
세로 y(cm)			

(2) (1)의 표에서 x가 2배, 3배로 변함에 따라 y는 각각 어떻게 변하고 있습니까?

[답]

(3) y는 x에 반비례합니까?

[답]

(4) 가로를 $x$cm, 세로를 $y$cm라 하고, x와 y가 대응 관계를 식으로 나타내시오.

$$x \times y = \boxed{}$$

사고력 학습

2 사탕이 24개 있습니다. 사람 수에 따라 사탕을 똑같게 나누어 줄 때 한 사람에게 나누어 주는 사탕의 수는 어떻게 변하는지 다음 표를 완성하시오.

사람 수(명)	1	2	3	4	6	8	12	24
사탕의 수(개)	24							

3 거리가 36km인 산책로가 있습니다. 한 시간에 가는 거리를 $x$km라 하고, 걸리는 시간을 y시간이라고 할 때, x와 y의 대응 관계를 알아보려고 합니다. 물음에 답하시오.

(1) 한 시간에 가는 거리를 2km라고 하면 몇 시간이 걸립니까?

[답]

(2) 한 시간에 가는 거리를 3km라고 하면 몇 시간이 걸립니까?

[답]

(3) 한 시간에 가는 거리를 4km라고 하면 몇 시간이 걸립니까?

[답]

(4) 한 시간에 가는 거리를 $x$km, 걸리는 시간을 y시간이라 하면, x가 2배, 3배, 4배로 변함에 따라 y는 각각 어떻게 변하고 있습니까?

[답]

(5) 한 시간에 가는 거리를 $x$km, 걸리는 시간을 y시간이라 할 때, x와 y의 대응 관계를 식으로 나타내시오.

$$x \times y = \boxed{}$$

 사고력 학습

✿ 이름 :

✿ 날짜 :

✿ 시간 :　　시　　분 ～　　시　　분

◆ **반비례(2)** ◆

1 부피가 $48cm^3$인 직육면체의 한 밑면의 넓이를 $x\,cm^2$, 높이를 $y\,cm$라고 할 때, x와 y의 대응 관계를 알아보려고 합니다. 물음에 답하시오.

$x(cm^2)$	1	2	3	4	6	……	48
$y(cm)$	48	24				……	

(1) 표의 빈 곳에 알맞은 수를 써넣으시오.

(2) y는 x에 반비례합니까?

[답]

(3) x와 y의 대응 관계를 식으로 나타내시오.

[식]

🐸 다음 대응표를 보고, x와 y의 대응 관계를 식으로 나타내시오. [2～3]

2

x	1	2	3	5	6	……
y	30	15	10	6	5	……

[식]

3

x	1	2	4	7	8	……
y	56	28	14	8	7	……

[식]

사고력 학습

4 반비례 관계인 것을 모두 찾아 기호를 쓰시오.

> ㉠ 넓이가 $25cm^2$인 평행사변형의 밑변과 높이
> ㉡ 자동차의 수와 자동차의 바퀴 수
> ㉢ 한 자루에 400원 하는 연필의 수와 연필값
> ㉣ 초콜릿 30개를 사람 수에 따라 똑같게 나누어 줄 때 한 명이 가지는 초콜릿의 수

[답] ______________________

5 귤 32개를 접시에 똑같게 나누어 담으려고 합니다. 접시 수를 x개, 한 접시에 담는 귤의 수를 y개라고 할 때, x와 y의 대응 관계를 식으로 나타내시오.

[식] ______________________

6 들이가 54L인 물통에 물을 가득 채우려고 합니다. 1분 동안 넣는 물의 양을 xL, 걸리는 시간을 y분이라고 할 때, x와 y의 대응 관계를 식으로 나타내시오.

[식] ______________________

 사고력 학습

❖ 이름 :

❖ 날짜 :

❖ 시간 :　시　분 ~　시　분

확인

◆ 반비례를 활용하여 생활 문제 해결 (1) ◆

1 집에서 600m 떨어진 지하철역까지 걸어가려고 합니다. 물음에 답하시오.

(1) 1분 동안 가는 거리를 xm, 걸리는 시간을 y분이라고 할 때, 다음 표를 완성하고 x와 y의 대응 관계를 식으로 나타내시오.

x(m)	10	20	30	40	50	60
y(분)	60	30				

[식]

(2) 1분 동안 가는 거리가 100m라면 걸리는 시간은 몇 분입니까?

[답]

2 주스가 1L 있습니다. 물음에 답하시오.

(1) 똑같게 나누어 먹을 사람 수를 x명, 한 사람이 먹을 수 있는 양을 yL라고 할 때, 다음 표를 완성하고 x와 y의 대응 관계를 식으로 나타내시오.

x(명)	1	2	3	4	5	6	7
y(L)	1	$\dfrac{1}{2}$					

[식]

(2) 8명이 똑같게 나누어 먹는다면 한 사람이 먹을 수 있는 양은 몇 L입니까?

[답]

사고력 학습

3 서로 맞물려 돌아가는 톱니바퀴 ㉮와 ㉯가 있습니다. 톱니 수가 40개인 ㉮가 한 바퀴 돌아가는 동안 ㉯는 톱니 수에 따라 돌아가는 횟수가 어떻게 변하는지 알아보려고 합니다. 물음에 답하시오.

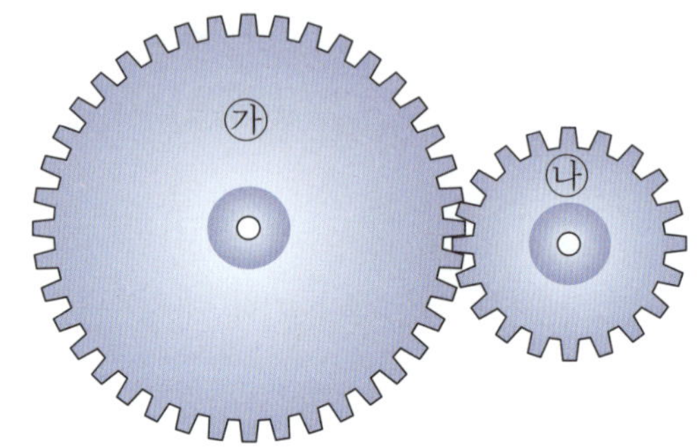

(1) ㉯의 톱니가 5개라면 ㉯ 톱니바퀴는 몇 번 돌아가게 됩니까?

[답]

(2) ㉯의 톱니가 10개라면 ㉯ 톱니바퀴는 몇 번 돌아가게 됩니까?

[답]

(3) ㉯의 톱니 수를 x개로 하고 돌아간 횟수를 y번이라고 할 때, x와 y의 대응 관계를 식으로 나타내시오.

[식]

(4) 톱니 수가 40개인 ㉮가 한 바퀴 돌아가는 동안 톱니 수가 20개인 ㉯는 y번 돌아간다는 것을 식으로 나타내시오.

[답]

(5) (4)의 식에서 y의 값을 구하시오.

[답]

(6) ㉯의 톱니가 20개이면 몇 번 돌아가겠습니까?

[답]

 사고력 학습

J-311a

✿ 이름 :

✿ 날짜 :

✿ 시간 :　　시　　분 ~ 　　시　　분

확인

◆ **반비례를 활용하여 생활 문제 해결 (2)** ◆

1 빵이 28개 있습니다. 빵을 4명이 똑같게 나누어 먹는다면 한 사람은 몇 개를 먹을 수 있는지 알아보려고 합니다. 물음에 답하시오.

(1) 나누어 먹을 사람 수를 x명, 한 사람이 먹을 수 있는 양을 y개라고 할 때 x와 y의 대응 관계를 식으로 나타내시오.

[식]

(2) 빵을 4명이 똑같게 나누어 먹는다면 한 사람은 몇 개를 먹을 수 있습니까?

[답]

2 넓이가 72cm^2인 평행사변형을 그리려고 합니다. 평행사변형의 높이가 6cm일 때 밑변은 몇 cm인지 알아보려고 합니다. 물음에 답하시오.

(1) 평행사변형의 밑변을 $x\text{cm}$, 높이를 $y\text{cm}$라고 할 때, x와 y의 대응 관계를 식으로 나타내시오.

[식]

(2) 평행사변형의 높이가 6cm일 때 밑변은 몇 cm입니까?

[답]

3 석유가 300L 있습니다. 1시간 동안에 소비되는 석유의 양이 25L일 때 쓸 수 있는 시간은 몇 시간인지 알아보려고 합니다. 물음에 답하시오.

(1) 1시간 동안에 소비되는 석유의 양을 xL, 쓸 수 있는 시간을 y시간이라고 할 때, x와 y의 대응 관계를 식으로 나타내시오.

[식]

(2) 1시간 동안에 소비되는 석유의 양이 25L일 때 쓸 수 있는 시간은 몇 시간 입니까?

[답]

4 선주는 전체 쪽수가 165쪽인 동화책을 읽으려고 합니다. 이 동화책을 15일 만에 모두 읽으려면 하루에 몇 쪽씩 읽어야 하는지 알아보려고 합니다. 물음에 답하시오.

(1) 하루에 읽을 동화책의 쪽수를 x쪽, 읽는 기간을 y일이라고 할 때, x와 y의 대응 관계를 식으로 나타내시오.

[식]

(2) 이 동화책을 15일 만에 모두 읽으려면 하루에 몇 쪽씩 읽어야 합니까?

[답]

 사고력 학습

◆ 반비례를 활용하여 생활 문제 해결 (3) ◆

1 감자가 40kg 있습니다. 한 봉지에 담는 감자의 양을 $x$kg, 봉지 수를 y봉지라고 할 때, x와 y의 대응 관계를 식으로 나타내고, 한 봉지에 감자를 8kg씩 담는다면 모두 몇 봉지가 되는지 구하시오.

[식]   [답]

2 길이가 3m인 나무 막대가 있습니다. 똑같게 나눈 도막 수를 x도막, 한 도막의 길이를 ym라고 할 때, x와 y의 대응 관계를 식으로 나타내고, 이 나무 막대를 6도막으로 나눌 때 한 도막은 몇 m인지 구하시오.

[식]   [답]

3 효주는 어머니 생신 선물을 사기 위해 20000원을 모으려고 합니다. 매달 모으는 금액을 x원, 기간을 y개월이라 할 때, x와 y의 대응 관계를 식으로 나타내고, 5개월 동안 다 모으려면 매달 얼마씩 모아야 하는지 구하시오.

[식]   [답]

4 넓이가 35cm²인 삼각형이 있습니다. 이 삼각형의 밑변이 7cm라면 높이는 몇 cm입니까?

[답]

5 수도로 1분 동안 5L의 물을 넣으면 80분 걸려서 물을 가득 채울 수 있는 수조가 있습니다. 수도로 1분에 16L씩 물을 넣는다고 할 때, 이 수조를 가득 채우는 데 몇 분이 걸립니까?

[답]

6 한 사람이 하루에 5시간씩 12일 동안 일을 해야 끝나는 일이 있습니다. 이 일을 10일 만에 끝내려면 하루에 몇 시간씩 일을 해야 합니까?

[답]

사고력 학습

이름 :
날짜 :
시간 : 시 분 ~ 시 분

확인

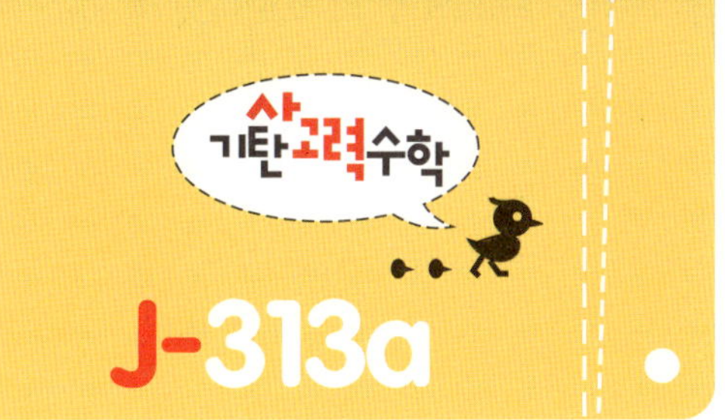

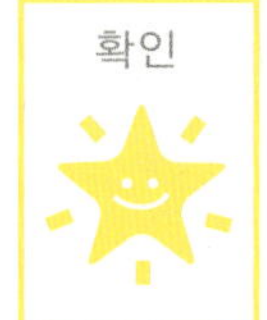

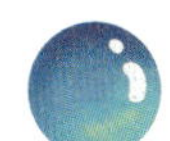

창의력 학습

일정한 빠르기로 달리는 길이가 30m인 기차가 길이가 530m인 터널을 완전히 통과하는 데 28초가 걸렸다고 합니다. 이 기차가 1초에 몇 m씩 달릴 때 달린 거리를 ym, 달린 시간을 x초라고 하고 x와 y의 대응 관계를 식으로 나타내시오.

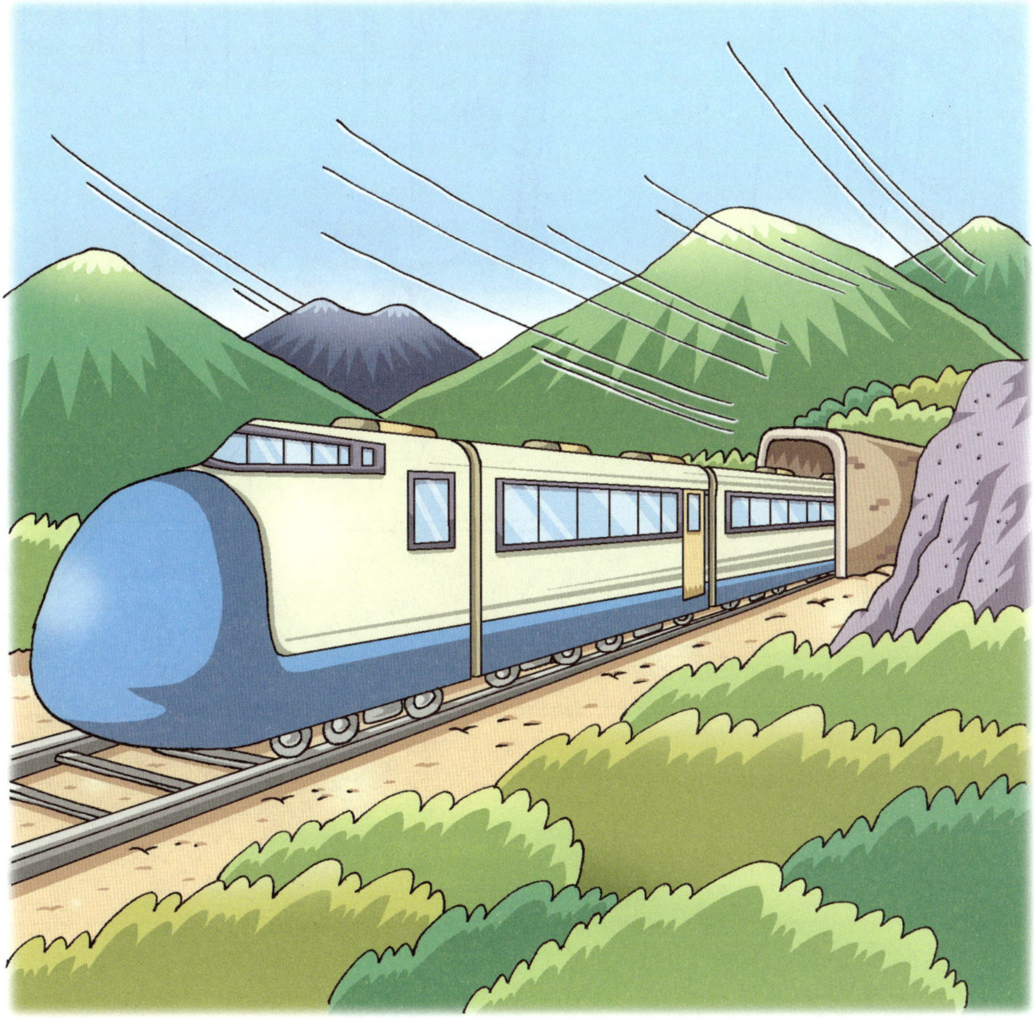

[식]

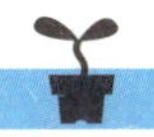

안치수가 밑면의 가로가 180cm, 밑면의 세로가 60cm, 높이가 50cm인 직육면체 모양의 욕조가 있습니다. 희주는 1분에 20L씩 물이 나오는 수도로 이 욕조에 물을 가득 채우려고 합니다. 몇 분 동안 물을 받아야 합니까?

[답]

 창의력 학습

 경시대회 예상문제

1 x와 y의 관계가 정비례와 반비례인 것을 각각 찾아 관계식으로 나타내시오.

> ㉠ 하루 중 낮의 길이 x시간과 밤의 길이 y시간
> ㉡ 280km인 도로를 가는 데 걸린 시간 x시간, 한 시간에 가는 거리 $y$km
> ㉢ 한 밑면의 넓이가 $50cm^2$인 직육면체의 높이 $x$cm, 부피 $y$cm^3
> ㉣ 1년 중에 비 온 날 x일, 눈 온 날 y일

[답]

2 굵기가 일정한 통나무 4m의 무게를 재었더니 9kg이었습니다. 이 통나무 7m의 무게는 몇 kg입니까?

[답]

3 1분에 15L씩 물을 넣어서 가득 채우는 데 110분 걸리는 물탱크가 있습니다. 이 물탱크를 1시간 6분 만에 가득 채우려면 1분에 몇 L씩 물을 넣으면 됩니까?

[답]

서술형·논술형

4 일정한 빠르기로 3시간에 255km를 달리는 버스가 있습니다. 이 버스가 3시간 30분을 달리면, 몇 km를 갈 수 있는지 풀이 과정을 쓰고 답을 구하시오.

[답]

5 길이가 2m인 막대를 똑바로 세웠더니 3.2m의 그림자가 생겼습니다. 이때 길이가 25m인 막대의 그림자의 길이는 몇 m입니까?

[답]

6 직사각형에서 점 ㅁ은 변 ㄴㄷ 위의 한 점입니다. 선분 ㄴㅁ의 길이를 $x$cm, 삼각형 ㄱㄴㅁ의 넓이를 $y$cm^{2}라고 할 때, x와 y의 대응 관계를 식으로 나타내시오.

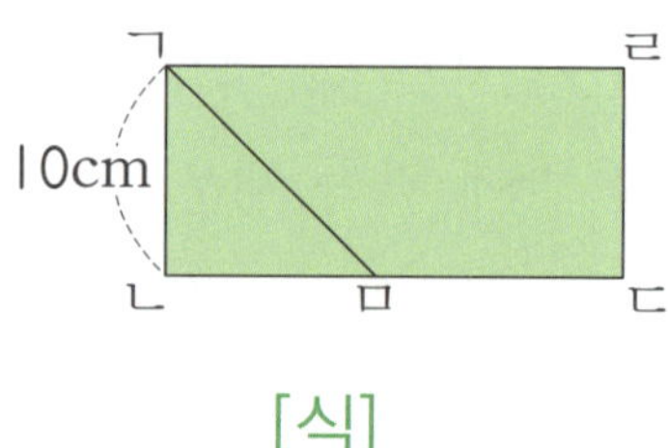

[식]

경시대회 예상문제

7 어느 백화점 안에 계단과 에스컬레이터가 함께 설치되어 있습니다. 정화는 계단으로 올라가고 선주는 에스컬레이터를 타고 올라갔습니다. 올라가는 데 정화는 8초 걸리고, 선주는 12초 걸렸습니다. 두 사람이 동시에 출발하여 x초 동안 올라간 거리를 ym라 할 때, 물음에 답하시오.

(1) 정화가 1초에 6m씩 올라간다고 할 때, x와 y를 사용하여 x와 y 사이의 관계식을 구하시오.

[식]

(2) 선주가 1초에 4m씩 올라간다고 할 때, x와 y를 사용하여 x와 y 사이의 관계식을 구하시오.

[식]

(3) 정화가 계단을 모두 올라간 순간 선주는 몇 m를 더 올라가야 합니까?

[답]

(4) 정화가 30m를 올라가는 동안 선주는 몇 m를 올라갑니까?

[답]

(5) 선주가 40m를 올라가는 동안 정화는 몇 m를 올라갑니까?

[답]

8 한 밑면의 넓이가 282.6cm²이고 높이가 8cm인 직육면체가 있습니다. 이 직육면체와 부피가 같은 원기둥의 한 밑면의 넓이가 452.16cm²일 때, 이 원기둥의 높이는 몇 cm입니까?

[답]

9 안치수의 높이가 90cm인 원기둥 모양의 물통에 물을 넣기 시작한 지 5분 만에 물의 높이가 15cm가 되었습니다. 같은 빠르기로 이 물통의 $\frac{1}{5}$ 만큼 물을 채우는 데 걸리는 시간은 몇 분입니까?

[답]

10 똑같은 기계 5대로 하루에 8시간씩 12일 동안 걸려서 할 일을 10시간씩 8일 만에 다 끝내려면 기계는 몇 대가 필요한지 풀이 과정을 쓰고 답을 구하시오.

[답]

경시대회 예상문제

학습 관리표

학습 내용	이번 주는?
문제 해결 방법 찾기 · 그림을 그리거나 식을 세워 문제 해결하기 · 거꾸로 생각하거나 식을 세워 문제 해결하기 · 표를 작성하거나 예상과 확인을 통하여 문제 해결하기 · 여러 가지 방법으로 문제 해결하기 · 새로운 문제를 만들어 풀어 보기 · 창의력 학습 · 경시대회 예상문제	· 학습 방법 : ① 매일매일　② 가끔　③ 한꺼번에 하였습니다. · 학습 태도 : ① 스스로 잘　② 시켜서 억지로 하였습니다. · 학습 흥미 : ① 재미있게　② 싫증내며 하였습니다. · 교재 내용 : ① 적합하다고　② 어렵다고　③ 쉽다고 하였습니다.
지도 교사가 부모님께	**부모님이 지도 교사께**

평가	Ⓐ 아주 잘함	Ⓑ 잘함	Ⓒ 보통	Ⓓ 부족함

원(교)　　　　　　반　이름　　　　　　　전화

www.gitan.co.kr / (02)586-1007(대)

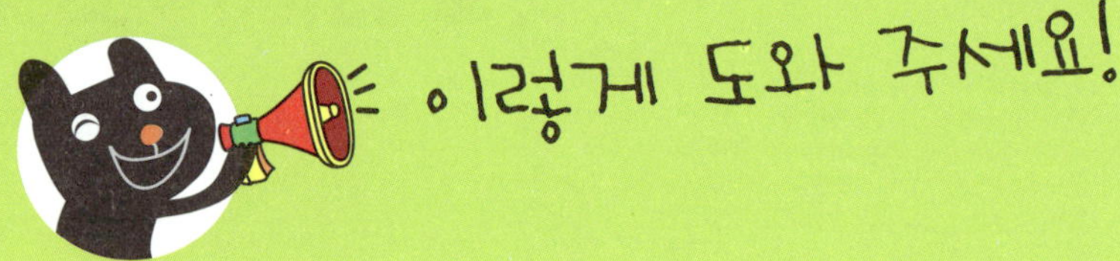

● 학습 목표

– 한 문제를 2가지 방법으로 해결할 수 있고, 그 차이점을 이해할 수 있습니다.
– 한 문제를 여러 가지 방법으로 해결할 수 있습니다.
– 문제를 풀어 보고 새로운 문제를 만들고 풀 수 있습니다.
– 문제 해결 과정의 타당성을 확인할 수 있습니다.

● 지도 내용

– 그림을 그리거나 수직선으로 문제를 해결해 봅니다.
– 식을 세워 문제를 해결해 봅니다.
– 일이 일어난 순서를 거꾸로 생각하여 문제를 해결해 봅니다.
– 미지수를 사용하여 식을 세워 문제를 해결해 봅니다.
– 표를 사용하여 문제를 해결해 봅니다.
– 규칙을 찾아 답을 예상하고 확인하여 문제를 해결해 봅니다.
– 한 문제를 해결할 수 있는 여러 가지 방법을 찾아봅니다.
– 문제를 풀어 보고 새로운 문제를 만들어 봅니다.

● 지도 요점

이번 단원과 관련하여 살펴보면, 1학년부터 6학년까지 매학년마다 '문제 푸는 방법 찾기'를 지속적이고 반복적으로 배웠습니다. 이전 학년까지는 문제 해결 방법을 익히는 데 초점을 두었지만 이번 학년부터는 문제 해결 전략의 특성을 이해하여 주어진 문제에서 최선의 전략을 선택하는 능력을 기르도록 합니다.

  우선 각 문제에 대해 2가지의 문제 해결 방법을 제시하여 문제를 풀고 나서 2가지 방법의 차이점을 비교하여 특정 방법이 어떤 점에서 더 낫다는 것을 이해할 수 있어야 합니다. 또, 문제 만들기를 통해 문제를 구성하는 요소들을 변화시킴으로써 새로운 문제를 쉽게 만들 수 있다는 것을 알게 하고, 문제 해결의 타당성은 다양한 풀이를 검토하면서 알 수 있도록 지도해 주세요.

✿ 이름 :

✿ 날짜 :

✿ 시간 :　시　분 ~　시　분

◆ 그림을 그리거나 식을 세워 문제 해결하기(1) ◆

🐸 꽃밭의 $\frac{5}{8}$에는 장미를 심고, 나머지의 $\frac{2}{3}$에는 해바라기를 심었더니 아무것도 심지 않은 꽃밭의 넓이가 40m²이었습니다. 전체 꽃밭의 넓이는 얼마인지 알아보려고 합니다. 물음에 답하시오. [1~2]

1 그림을 그려서 문제를 해결하여 보시오.

(1) 각 부분을 그림으로 나타내어 보시오.

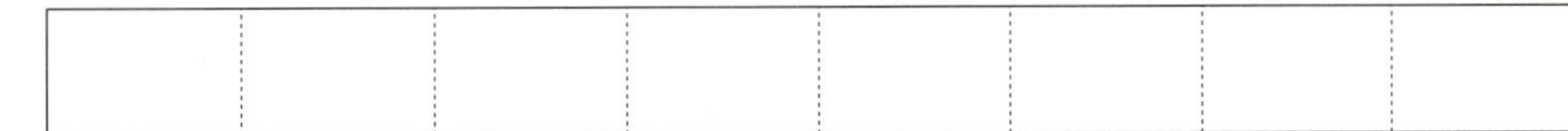

(2) 전체 꽃밭의 넓이는 몇 m²입니까?

[답]

2 식을 세워서 문제를 해결하여 보시오.

(1) 장미를 심은 부분을 뺀 나머지 넓이는 전체의 몇 분의 몇입니까?

[답]

(2) 아무것도 심지 않은 꽃밭의 넓이 40m²는 전체의 몇 분의 몇입니까?

[답]

(3) 전체 꽃밭의 넓이를 xm²라 할 때, ☐ 안에 알맞은 수를 써넣으시오.

$$x \times \left(1 - \frac{\square}{8}\right) \times \left(1 - \frac{\square}{3}\right) = 40, \quad x \times \frac{\square}{8} = 40, \quad x = \square$$

(4) 전체 꽃밭의 넓이는 몇 m²입니까?

[답]

사고력 학습

영진이가 학교에서 집까지 걸어서 가면 28분이 걸립니다. 영진이가 학교에서 집에 가는 도중 아버지를 만나기로 했습니다. 영진이가 학교를 떠날 때 아버지께서도 동시에 집에서 출발하여 같은 길을 영진이의 3배 빠르기로 자전거를 탄다면 두 사람이 출발한 지 몇 분 후에 만날 수 있는지 알아보려고 합니다. 물음에 답하시오. [3~4]

3 수직선을 이용하여 문제를 해결하여 보시오.

(1) 학교에서 집까지의 거리를 28칸이라 생각한다면, 영진이와 아버지는 각각 5분 동안 몇 칸을 갈 수 있습니까?

(영진) ________________________ , (아버지) ________________

(2) 두 사람이 만날 때까지 수직선에 거리를 표시해 보시오.

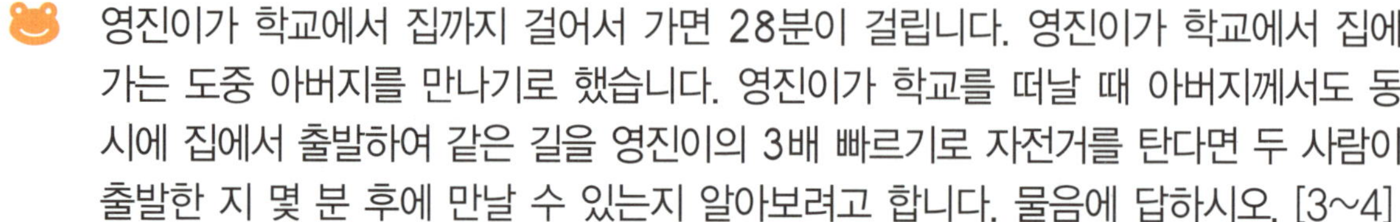

(3) 두 사람은 몇 분 후에 만날 수 있습니까?

[답] ________________

4 식을 세워서 문제를 해결하여 보시오.

(1) 영진이가 1분 동안 가는 거리와 아버지께서 1분 동안 가는 거리는 각각 전체의 몇 분의 몇입니까?

(영진) ________________________ , (아버지) ________________

(2) x분 후 두 사람이 만날 때, x를 포함하는 등식을 만들고 두 사람은 몇 분 후에 만날 수 있는지 구하시오.

[식] ________________________   [답] ________________

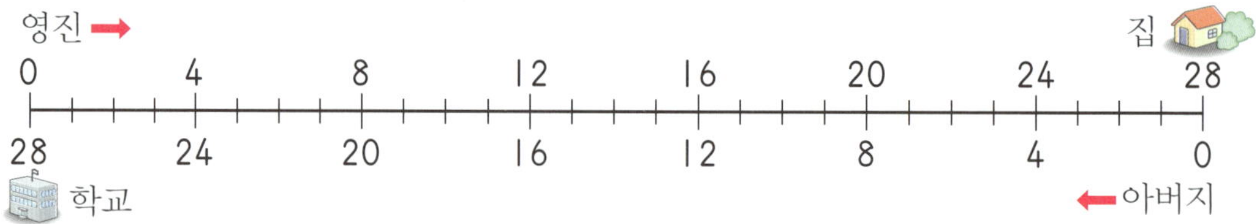
사고력 학습

◆ **그림을 그리거나 식을 세워 문제 해결하기(2)** ◆

세경이가 혼자서 벽에 페인트를 칠하면 한 시간이 걸립니다. 승유는 세경이보다 2배 빠르기로 페인트를 칠할 수 있습니다. 세경이와 승유가 같이 페인트를 칠하면 몇 분이 걸리는지 알아보려고 합니다. 물음에 답하시오. [1~2]

1 그림을 그려서 문제를 해결하여 보시오.

(1) 세경이가 페인트를 칠한 양을 다음과 같이 나타낼 때, 승유가 페인트를 칠한 양을 그리시오.

세경	

(2) 두 사람이 같이 페인트를 칠하면 몇 분이 걸립니까?

[답]

2 식을 세워서 문제를 해결하여 보시오.

(1) x분 동안 두 사람이 같이 페인트를 칠한 전체 양을 1이라고 할 때, x를 포함하는 등식을 만들어 x를 구하시오.

[식]   [답]

(2) 두 사람이 같이 페인트를 칠하면 몇 분이 걸립니까?

[답]

3 다음 숫자 카드 4장 중에서 3장을 뽑아 세 자리 수를 만들려고 합니다. 만들 수 있는 세 자리 수 중에서 263과 같이 십의 자리 숫자가 백의 자리 숫자와 일의 자리 숫자보다 더 큰 수는 모두 몇 가지인지 그림을 그려서 알아보려고 합니다. 물음에 답하시오.

(1) ☐ 안에 알맞은 숫자를 써넣으시오.

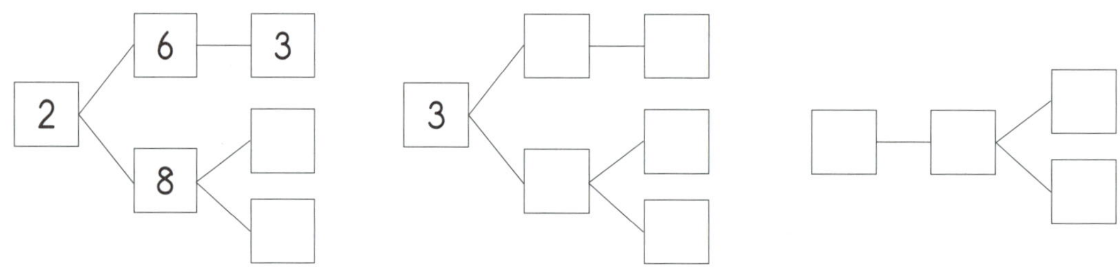

(2) 십의 자리 숫자가 백의 자리 숫자와 일의 자리 숫자보다 더 큰 수는 모두 몇 가지입니까?

[답]

4 유미네 집에서 동물원까지의 거리는 480m입니다. 집에서 출발하여 전체의 $\frac{5}{6}$ 는 지하철을 타고, 나머지의 $\frac{3}{4}$ 은 버스를 타고, 그 나머지는 걸어서 가려고 합니다. 유미가 걸어 갈 거리는 몇 m인지 식을 세워서 문제를 해결하여 보시오.

[식]　　　　　　　　　　　　　　[답]

사고력 학습

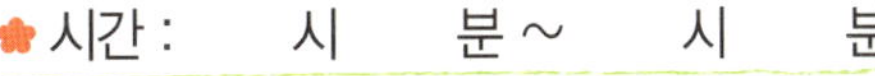

◆ **그림을 그리거나 식을 세워 문제 해결하기(3)** ◆

1 민수는 혼자서 연을 만들면 2시간이 걸립니다. 형은 민수의 2배 빠르기로 연을 만들 수 있습니다. 민수와 형이 같이 연을 만들면 몇 분이 걸리겠습니까?

[답]

2 호영이는 집에서 출발하여 수지네 집으로 가는 도중에 수지를 만나기로 했습니다. 호영이가 집에서 출발할 때, 수지도 동시에 집에서 출발하여 같은 길을 호영이의 1.5배 빠르기로 걷는다고 합니다. 호영이가 집에서 출발하여 수지네 집까지 가는 데 1시간 15분이 걸린다면 두 사람은 출발한 지 몇 분 후에 만날 수 있습니까?

[답]

3 동현이가 구슬을 가지고 있습니다. 이 중에서 동생에게 전체의 $\frac{5}{9}$ 를 주었고, 친구에게 나머지의 $\frac{1}{2}$ 을 주었더니 6개가 남았습니다. 동현이가 처음에 가지고 있던 구슬은 몇 개입니까?

[답]

사고력 학습

4 직사각형 모양의 밭이 있습니다. 가로의 $\frac{1}{4}$, 세로의 $\frac{1}{5}$만큼에 감자를 심었습니다. 감자를 심은 밭의 넓이가 3m²일 때, 전체 밭의 넓이는 몇 m²입니까?

[답]

5 다음 숫자 카드 5장 중에서 3장을 뽑아 세 자리 수를 만들려고 합니다. 만들 수 있는 세 자리 수 중에서 976과 같이 백의 자리 숫자가 십의 자리 숫자보다 더 크고, 십의 자리 숫자가 일의 자리 숫자보다 더 큰 수는 모두 몇 가지입니까?

[답]

6 한 변이 5m인 정사각형 모양의 바닥에 타일을 붙이는 데 걸리는 시간은 5시간입니다. 같은 빠르기로 한 변이 1m인 정사각형 모양의 바닥에 타일을 붙이려면 몇 분이 걸리겠습니까?

[답]

사고력 학습

◆ 거꾸로 생각하거나 식을 세워 문제 해결하기(1) ◆

영호는 가진 14000원 중에서 선물을 사고 난 후 남은 돈의 $\frac{1}{10}$로 아이스크림을 사 먹었습니다. 또 그 나머지의 $\frac{5}{9}$를 동생에게 주었더니 3200원이 남았습니다. 영호가 선물을 사는 데 얼마를 썼는지 알아보려고 합니다. 물음에 답하시오. [1~2]

1 거꾸로 생각하여 문제를 해결하여 보시오.

(1) 영호가 돈을 사용한 과정입니다. (　) 안에 알맞게 써넣으시오.

(영호가 처음에 가지고 있던 돈) ➡ (선물을 삼) ➡ (　　　　　　　　　)

➡ (　　　　　　　　　) ➡ (3200원 남음)

(2) 동생에게 주기 전에 가지고 있던 돈은 얼마입니까?

[답]

(3) 아이스크림을 사 먹기 전에 가지고 있던 돈은 얼마입니까?

[답]

(4) 영호가 선물을 사기 전에 가지고 있던 돈은 얼마입니까?

[답]

(5) 거꾸로 생각하여 푼 문제의 답을 확인해 보려고 합니다. 빈칸에 알맞은 수를 써넣으시오.

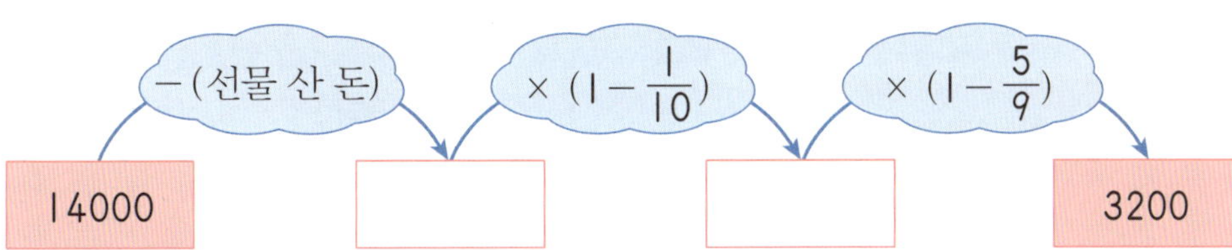

(6) 영호는 선물을 사는 데 얼마를 썼습니까?

[답]

2 구하려는 것을 x라 하고 식을 세워서 문제를 해결하여 보시오.

(1) 구하려는 것은 무엇입니까?

[답]

(2) 영호가 처음에 가지고 있던 돈은 얼마입니까?

[답]

(3) 선물을 사고 난 후 남은 돈을 식으로 나타내어 보시오.

[식]

(4) 아이스크림을 사 먹고 난 후 남은 돈을 식으로 나타내어 보시오.

[식]

(5) 동생에게 주고 난 후 남은 돈을 식으로 나타내어 보시오.

[식]

(6) 3200을 포함하는 등식을 만들어 x를 구하시오.

[식]　　　　　　　　[답]

(7) 영호는 선물을 사는 데 얼마를 썼습니까?

[답]

 사고력 학습

◆ 거꾸로 생각하거나 식을 세워 문제 해결하기(2) ◆

🐸 내가 가진 사탕의 $\dfrac{1}{4}$을 동생에게 주고, 남은 사탕의 $\dfrac{5}{6}$를 친구들에게 나누어 주었더니 4개가 남았습니다. 내가 처음에 가지고 있던 사탕은 몇 개인지 알아보려고 합니다. 물음에 답하시오. [1~2]

1 거꾸로 생각하여 문제를 해결하여 보시오.

(1) 빈 곳에 알맞은 수를 써넣으시오.

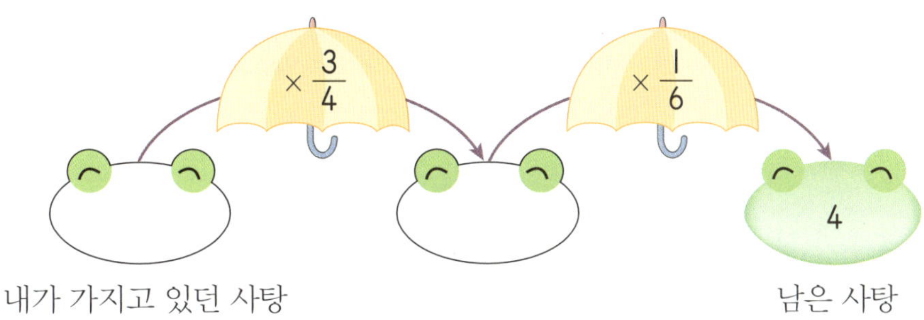

(2) 내가 처음에 가지고 있던 사탕은 몇 개입니까?

[답]

2 식을 세워서 문제를 해결하여 보시오.

(1) 내가 처음에 가지고 있던 사탕을 x개라 할 때, 4를 포함하는 등식을 만들어 x를 구하시오.

[식]　　　　　　　　　　　　　[답]

(2) 내가 처음에 가지고 있던 사탕은 몇 개입니까?

[답]

🐸 중아는 돼지 저금통의 돈을 꺼내어 1000원짜리 연습장 2권을 사고, 남은 돈의 $\frac{3}{7}$ 으로 연필을 산 후 남은 돈으로 13000원짜리 케이크를 샀더니 3000원이 남았습니다. 돼지 저금통에는 돈이 얼마나 있었는지 알아보려고 합니다. 물음에 답하시오. [3~4]

3 거꾸로 생각하여 문제를 해결하여 보시오.

(1) 빈 곳에 알맞은 수를 써넣으시오.

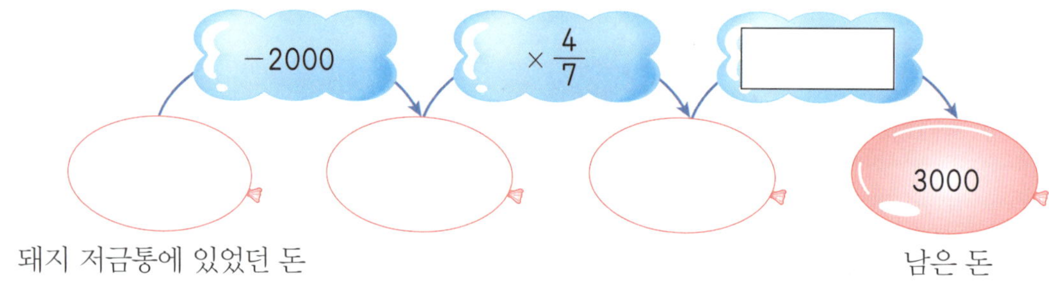

(2) 돼지 저금통에는 돈이 얼마나 있었습니까?

[답]

4 식을 세워서 문제를 해결하여 보시오.

(1) 돼지 저금통에 있었던 돈을 x원이라 할 때, **3000**을 포함하는 등식을 만들어 x를 구하시오.

[식]　　　　　　　　　　　[답]

(2) 돼지 저금통에는 돈이 얼마나 있었습니까?

[답]

사고력 학습

◆ **거꾸로 생각하거나 식을 세워 문제 해결하기(3)** ◆

1 연희는 가지고 있던 돈의 $\frac{1}{2}$을 저금하고, 남은 돈의 $\frac{1}{5}$로 과자를 사 먹었습니다. 어머니께 용돈으로 5000원을 받아 17000원이 되었습니다. 연희가 처음에 가지고 있던 돈은 얼마입니까?

[답]

2 민호는 가지고 있던 구슬 중에서 11개를 현지에게 잃고, 수연이에게서 6개를 땄습니다. 그 후 가지고 있던 구슬의 $\frac{1}{2}$을 동생에게 주었더니 17개가 남았습니다. 민호가 처음에 가지고 있던 구슬은 몇 개입니까?

[답]

3 처음 수를 구하시오.

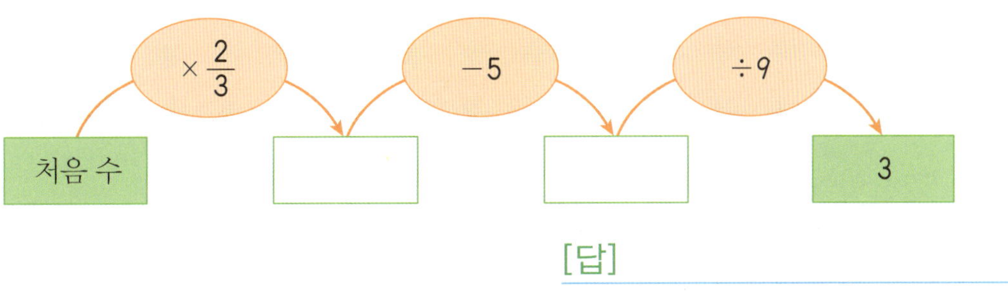

[답]

사고력 학습

4 재용이는 500원을 가지고 있었는 데 이모께서 용돈을 주셨습니다. 가지고 있던 돈의 $\frac{2}{3}$ 를 저금하고, 2700원으로 공책을 샀더니 800원이 남았습니다. 이모께서 주신 용돈은 얼마입니까?

[답]

5 호진이는 수학 문제집을 어제는 전체의 $\frac{2}{5}$ 를 풀었고, 오늘은 나머지의 $\frac{5}{9}$ 를 풀었더니 32쪽이 남았습니다. 이 수학 문제집은 모두 몇 쪽입니까?

[답]

6 어머니의 나이는 윤미의 나이의 $2\frac{5}{6}$ 배보다 1살 많습니다. 어머니의 나이는 52살입니다. 윤미의 나이는 몇 살입니까?

[답]

 사고력 학습

이름 :

날짜 :

시간 :　시　분 ～　시　분

확인

◆ 표를 작성하거나 예상과 확인을 통하여 문제 해결하기(1) ◆

클로버가 16개 있습니다. 세잎 클로버와 네잎 클로버의 잎의 장수의 합이 55장일 때, 세잎 클로버와 네잎 클로버는 각각 몇 개씩 있는지 알아보려고 합니다. 물음에 답하시오. [1~2]

1 표를 작성하여 문제를 해결하여 보시오.

(1) 클로버가 16개가 되도록 표를 완성하시오.

세잎 클로버 수(개)	네잎 클로버 수(개)	클로버 잎의 장수의 합(장)
1	15	$3 \times 1 + 4 \times 15 = 63$
2	14	$3 \times 2 + 4 \times 14 = 62$
3	13	
4		

(2) 세잎 클로버가 한 개씩 늘어나면 클로버 잎의 장수의 합은 어떻게 됩니까?

[답]

(3) 세잎 클로버와 네잎 클로버는 각각 몇 개씩 있습니까?

(세잎 클로버)　　　　　　, (네잎 클로버)

사고력 학습

2 예상과 확인으로 문제를 해결하여 보시오.

   (1) 세잎 클로버가 16개일 때, 잎은 모두 몇 장입니까?

                [답]

   (2) 네잎 클로버가 16개일 때, 잎은 모두 몇 장입니까?

                [답]

   (3) 세잎 클로버와 네잎 클로버가 각각 8개일 때, 잎은 모두 몇 장입니까?

                [답]

   (4) 클로버 잎의 장수의 합이 55장이 되려면 세잎 클로버와 네잎 클로버 중에서 어느 것이 더 많아야 합니까?

                [답]

   (5) 세잎 클로버와 네잎 클로버는 각각 몇 개씩 있습니까?

                (세잎 클로버)

                (네잎 클로버)

사고력 학습

◆ **표를 작성하거나 예상과 확인을 통하여 문제 해결하기**(2) ◆

어느 수목원의 입장료가 어른은 1200원이고 어린이는 800원입니다. 입장권 14장을 사고 13200원을 냈습니다. 이 수목원에 입장한 어른과 어린이는 각각 몇 명인지 알아보려고 합니다. 물음에 답하시오. [1~2]

1 표를 작성하여 문제를 해결하여 보시오.

(1) 입장권이 14장이 되도록 표를 완성해 보시오.

어른 수(명)	어린이 수(명)	입장료(원)
8	6	$1200 \times 8 + 800 \times 6 = 14400$
7		

(2) 어른과 어린이는 각각 몇 명입니까?

　　(어른)　　　　　　　　　, (어린이)

2 예상과 확인으로 문제를 해결하여 보시오.

(1) 어른과 어린이가 각각 7명이면 입장료는 얼마입니까?

　　　　　　　　　　　[답]

(2) 어른과 어린이 중에서 누가 더 많아야 합니까?

　　　　　　　　　　　[답]

(3) 어른과 어린이는 각각 몇 명입니까?

　　(어른)　　　　　　　　　, (어린이)

어느 퀴즈 대회는 기본 점수 50점에서 시작하여 한 문제를 맞힐 때마다 10점을 얻고, 한 문제를 틀릴 때마다 5점이 감점됩니다. 창미가 30문제를 풀고 290점을 받았을 때, 맞힌 문제는 몇 개인지 알아보려고 합니다. 물음에 답하시오. [3~4]

3 표를 작성하여 문제를 해결하여 보시오.

맞힌 문제 수(개)	틀린 문제 수(개)	점수(점)
30	0	$50+30\times10-0\times5=350$
29	1	$50+29\times10-1\times5=335$

[답]

4 예상과 확인으로 문제를 해결하여 보시오.

(1) 15문제를 맞히고 15문제를 틀렸다면 받은 점수는 몇 점입니까?

[답]

(2) 맞힌 문제와 틀린 문제 중 어느 것의 개수가 더 많아야 합니까?

[답]

(3) 창미가 맞힌 문제는 몇 개입니까?

[답]

사고력 학습

◆ **이름 :**

◆ **날짜 :**

◆ **시간 :** 시 분 ~ 시 분

확인

◆ **표를 작성하거나 예상과 확인을 통하여 문제 해결하기(3)** ◆

1 두발자전거와 세발자전거가 합하여 모두 30대 있습니다. 바퀴 수가 모두 70개일 때, 두발자전거와 세발자전거는 각각 몇 대씩 있습니까?

(두발자전거)

(세발자전거)

2 상자 12개에 귤이 들어 있습니다. 어떤 상자에는 귤이 20개씩 들어 있고, 어떤 상자에는 귤이 22개씩 들어 있습니다. 귤이 모두 254개일 때, 20개씩 들어 있는 귤 상자는 몇 개입니까?

[답]

3 수학 시험에서 20문제를 푸는 데 한 문제를 맞히면 5점을 얻고, 한 문제를 틀리면 2점이 감점됩니다. 현지가 이 수학 시험에서 86점을 받았다면 맞힌 문제는 몇 개입니까?

[답]

사고력 학습

4 들이가 100L인 그릇 ㉮와 98L인 그릇 ㉯가 있습니다. 두 그릇에 금이 가서 그릇 ㉮는 1분에 물이 0.2L씩, 그릇 ㉯는 3분에 0.5L씩 물이 빠집니다. 두 그릇에 물이 가득 들어 있었다면 두 그릇의 물의 양이 처음으로 같아지는 때는 몇 분 후입니까?

[답] _______________________________

5 다음에서 민정, 윤호, 우영, 선규가 토끼, 호랑이, 기린, 코알라 중에서 서로 다르게 좋아하는 동물은 무엇인지 알아보려고 합니다. 표 안에 좋아하는 동물에는 ○표, 좋아하지 않는 동물에는 ×표를 하고, 각각 좋아하는 동물은 무엇인지 쓰시오.

> • 민정이는 호랑이를 좋아하지 않습니다.
> • 윤호와 우영이는 기린을 좋아하지 않습니다.
> • 우영이는 토끼와 코알라 중 하나를 좋아합니다.
> • 선규는 토끼를 좋아합니다.

이름＼동물	토끼	호랑이	기린	코알라
민정				
윤호				
우영				
선규				

(민정) _________________ , (윤호) _________________

(우영) _________________ , (선규) _________________

◆ 여러 가지 방법으로 문제를 해결하기(1) ◆

🐸 아시아 4개국 대표가 모여 악수를 하려고 합니다. 서로 한 번씩 악수를 한다면 악수를 모두 몇 번 하게 되는지 알아보려고 합니다. 물음에 답하시오. [1～3]

1 그림을 그려서 문제를 해결하여 보시오.

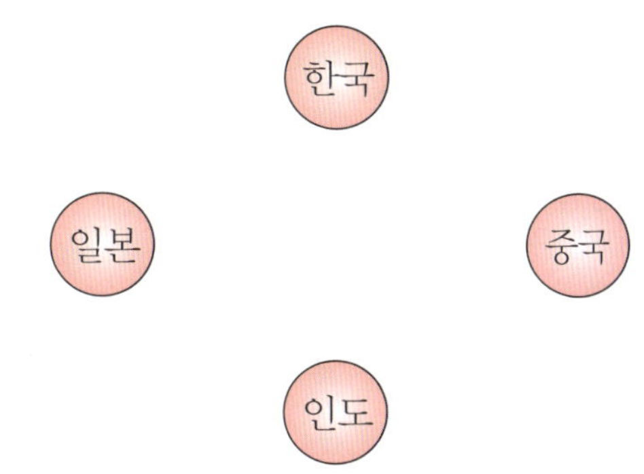

(1) 4개국 중에서 먼저 한국 대표가 모든 대표와 악수를 하면 몇 번 하게 되는지 위 그림에 빨간색 선을 그어 나타내고, 구하시오.

[답]

(2) 그다음에 일본 대표가 악수를 안 한 대표와 악수를 하면 몇 번 하게 되는지 위 그림에 파란색 선을 그어 나타내고, 구하시오.

[답]

(3) 또 그다음으로 인도 대표가 악수를 안 한 대표와 악수를 하면 몇 번 하게 되는지 위 그림에 초록색 선을 그어 나타내고, 구하시오.

[답]

(4) 4개국 대표는 악수를 모두 몇 번 하게 됩니까?

[답]

2 규칙을 찾아 문제를 해결하여 보시오.

(1) 2개국 대표가 서로 악수를 하면 악수는 몇 번 하게 됩니까?

[답]

(2) 3개국 대표가 서로 악수를 하면 악수는 몇 번 하게 됩니까?

[답]

(3) 대표가 한 명씩 늘어남에 따라 악수의 횟수는 어떤 규칙으로 늘어납니까?

[답]

(4) 4개국 대표는 악수를 모두 몇 번 하게 됩니까?

[답]

3 식을 세워서 문제를 해결하여 보시오.

(1) 서로 겹치게 악수를 하는 것을 생각하지 않으면 4개국 대표는 악수를 모두 몇 번 하게 됩니까?

[답]

(2) 서로 겹치는 악수를 한 번으로 생각할 때, □ 안에 알맞은 수를 써넣으시오.

$$4 \times \boxed{} \div 2 = \boxed{}$$

(3) 4개국 대표는 악수를 모두 몇 번 하게 됩니까?

[답]

◆ 여러 가지 방법으로 문제를 해결하기(2) ◆

가로와 세로의 비가 3 : 1인 직사각형이 있습니다. 둘레가 640cm일 때, 가로와 세로는 각각 몇 cm인지 알아보려고 합니다. 물음에 답하시오. [1~3]

1 가로와 세로의 비가 3 : 1이 되도록 색칠하고 문제를 해결하여 보시오.

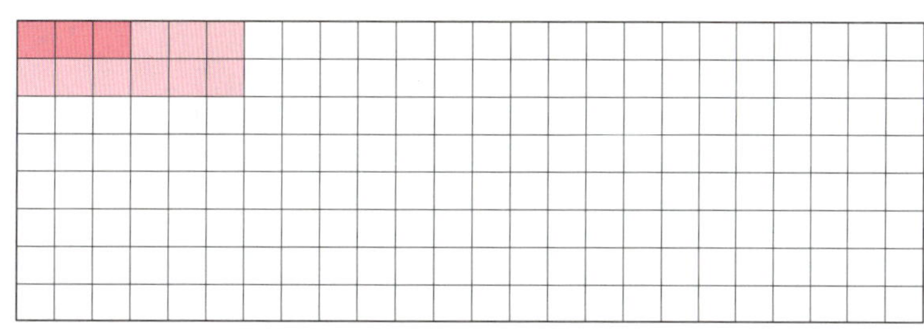

(가로) _______________________ , (세로) _______________________

2 예상과 확인으로 문제를 해결하여 보시오.

(1) 둘레가 640cm일 때, 가로와 세로의 합은 몇 cm입니까?

[답] _______________________

(2) 가로와 세로는 각각 몇 cm입니까?

(가로) _______________________ , (세로) _______________________

3 식을 세워서 문제를 해결하여 보시오.

(1) 세로를 $x$cm라 할 때, x를 포함하는 등식을 만들어 x를 구하시오.

[식] _______________________   [답] _______________________

(2) 가로와 세로는 각각 몇 cm입니까?

(가로) _______________________ , (세로) _______________________

🐸 6명이 앉을 수 있는 식탁이 13개 있습니다. 다음 그림과 같이 식탁 2개를 붙여 10명씩 앉기로 하였습니다. 50명이 모두 앉고 남은 식탁은 몇 개인지 알아보려고 합니다. 물음에 답하시오. [4~5]

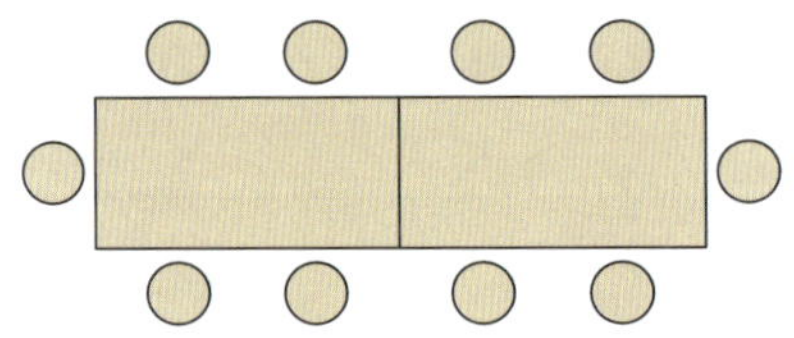

4 표를 작성하여 문제를 해결하여 보시오.

붙인 식탁 수(개)	앉은 사람 수(명)	남은 식탁 수(개)
1	10	$13 - 1 \times 2 = 11$
2		

[답]

5 식을 세워서 문제를 해결하여 보시오.

식탁 2개를 붙이면 ☐ 명이 앉을 수 있으므로 50명이 앉으려면

$50 \times \dfrac{2}{☐} = ☐$ (개)의 식탁이 필요합니다. 따라서 남은 식탁은

$13 - ☐ = ☐$ (개)입니다.

사고력 학습

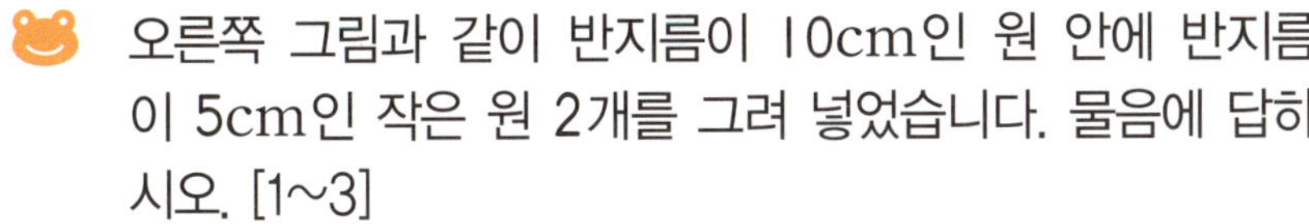

◆ **새로운 문제를 만들어 풀어 보기** ◆

오른쪽 그림과 같이 반지름이 10cm인 원 안에 반지름이 5cm인 작은 원 2개를 그려 넣었습니다. 물음에 답하시오. [1~3]

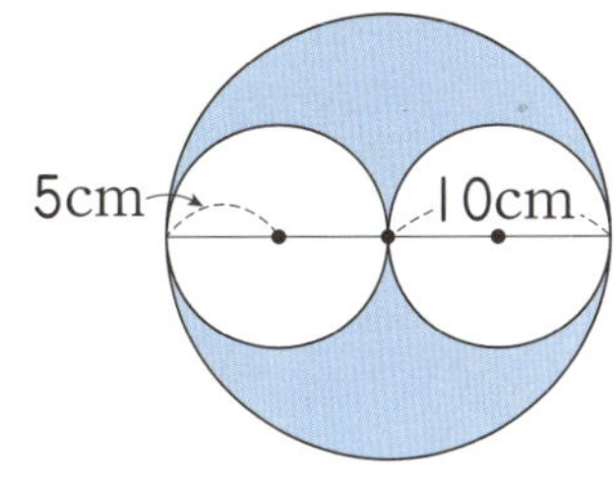

1 색칠한 부분의 넓이를 구하시오.

[답]

2 위 문제에서 어느 조건을 바꾸면 원에 관한 새로운 문제를 만들 수 있는지, 그런 조건들을 나타내는 낱말에 (   )로 표시해 보시오.

> 그림과 같이 (반지름)이 10cm인 원 안에 반지름이 5cm인 작은 원 2개를 그려 넣었습니다. 색칠한 부분의 넓이를 구하시오.

3 위 문제의 조건을 바꾸어 반지름이 10cm인 원 안에 반지름이 5cm인 작은 원 2개를 그려 넣었습니다. 색칠한 부분의 둘레를 구하시오.

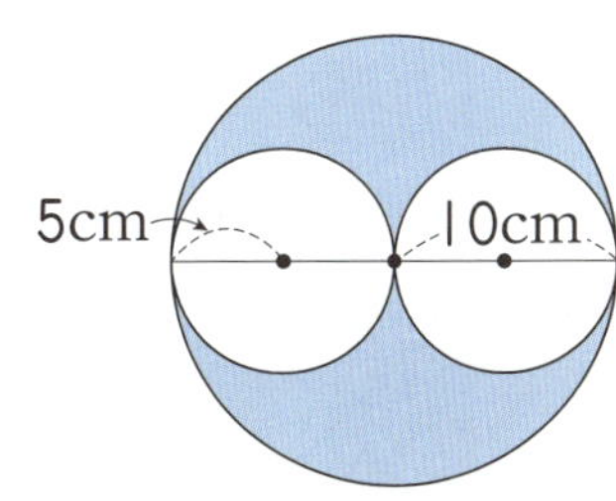

[답]

사고력 학습 

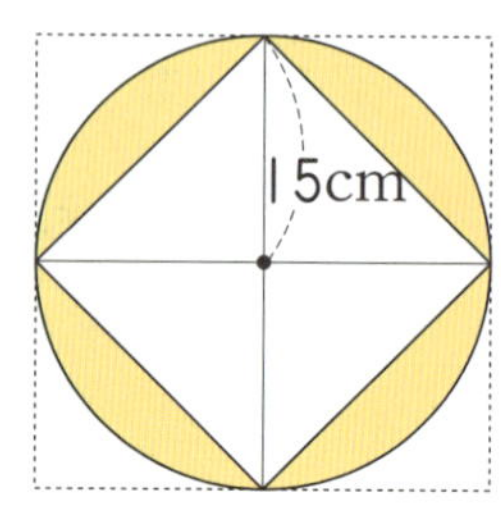

반지름이 15cm인 원 모양의 흰 케이크에 오른쪽 그림과 같이 마름모 모양의 무늬를 넣어 색칠한 부분을 초콜릿 시럽으로 꾸미려고 합니다. 물음에 답하시오. [4~6]

4 초콜릿 시럽으로 꾸밀 부분의 넓이를 구하시오.

[답]

5 위 문제에서 어느 조건을 바꾸면 원에 관한 새로운 문제를 만들 수 있는지, 그런 조건들을 나타내는 낱말에 ( )로 표시해 보시오.

반지름이 15cm인 원 모양의 흰 케이크에 마름모 모양의 무늬를 넣어 색칠한 부분을 초콜릿 시럽으로 꾸미려고 합니다. 초콜릿 시럽으로 꾸밀 부분의 넓이를 구하시오.

6 위 문제의 조건을 바꾸어 길이와 관련된 문제를 만들고 풀어 보시오.

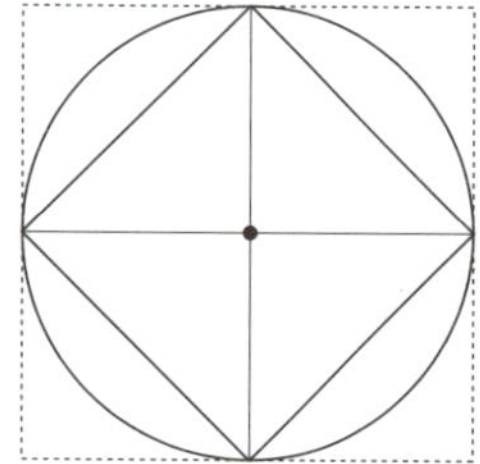

[답]

 창의력 학습

1kg, 2kg, 5kg, 10kg짜리 저울 추가 각각 3개씩 있습니다. 무게가 30kg인 물건의 무게를 잴 수 있는 방법은 모두 몇 가지입니까?

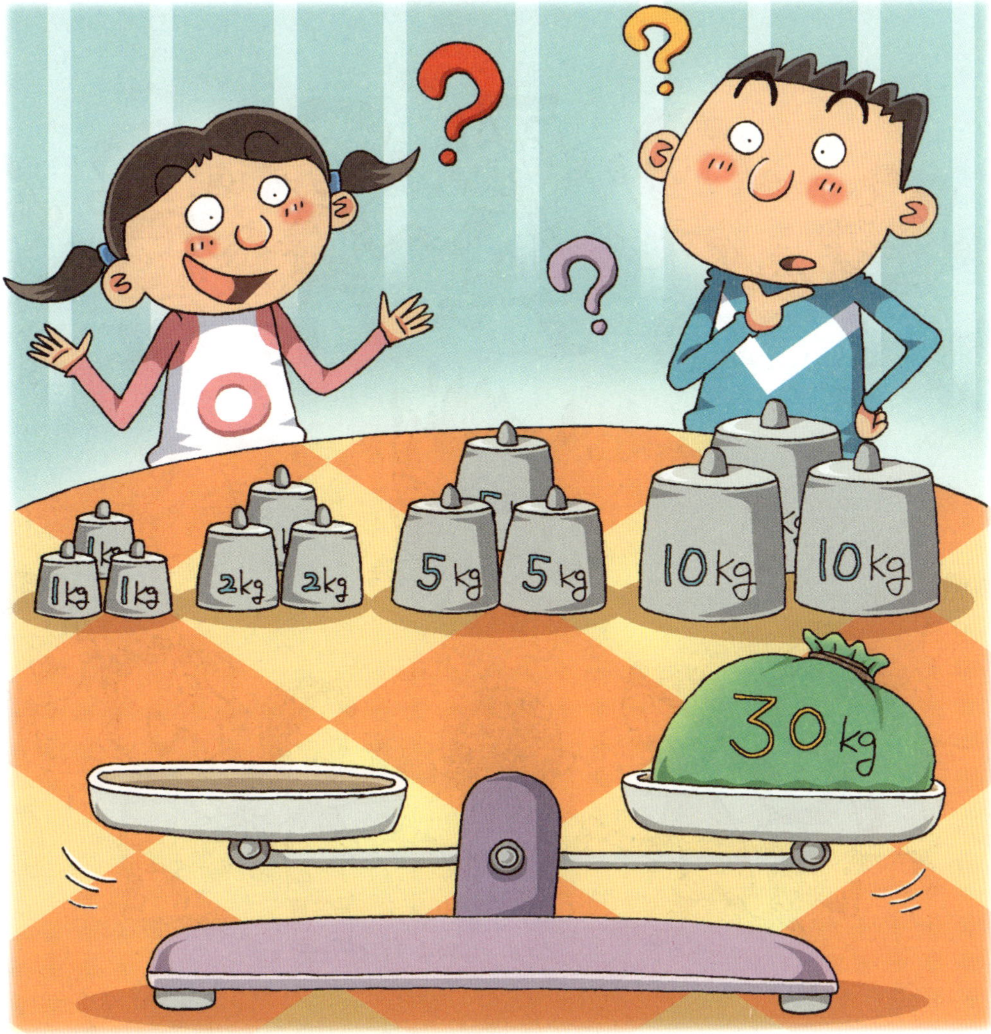

[답]

여러 사람이 같은 간격으로 서로 손을 잡고 원 모양을 만들어 강강술래를 합니다.
첫 번째 사람과 열두 번째 사람이 서로 마주 보고 있다면 강강술래에 참여한 사람
은 모두 몇 명입니까?

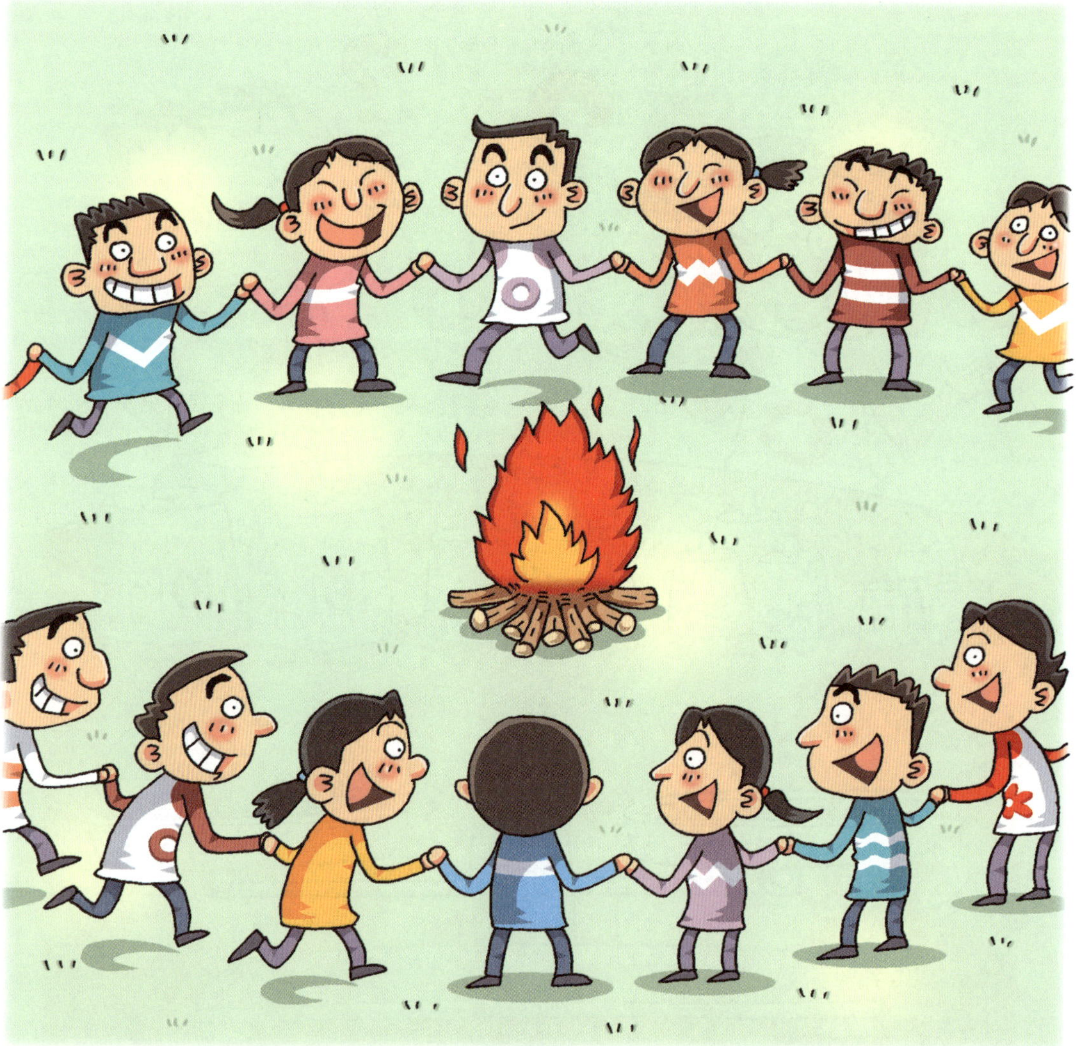

[답]

J-329a

✿ 이름 :
✿ 날짜 :
✿ 시간 :　시　분 ~　시　분

 경시대회 예상문제

1 밤을 따는 데 인규는 20분이 걸리고, 동생은 30분이 걸립니다. 두 사람이 밤을 같이 따면 모두 따는 데 몇 분이 걸리겠습니까?

[답]

2 한 변이 10m인 정사각형 모양의 텃밭이 있습니다. 이 텃밭 전체의 $\frac{7}{12}$에는 상추를, 남은 부분의 $\frac{3}{5}$에는 고추를 심으려고 합니다. 아무것도 심지 않은 부분의 넓이는 몇 m^2입니까?

[답]

3 상자 속에 세 자리 수가 적힌 카드가 들어 있습니다. 여기서 뽑은 수를 ☐ 안에 넣고 계산해서 100이 나오면 상품을 받는다고 합니다. 어떤 수가 적힌 카드를 뽑으면 상품을 받게 됩니까?

$$(\square - 40) \times \frac{3}{5} + 37$$

[답]

서술형·논술형

4 할아버지의 나이는 영은이와 동생의 나이의 합의 3배보다 3살 많습니다. 동생은 영은이의 나이의 $\frac{5}{6}$배이고, 할아버지는 69살입니다. 영은이는 몇 살인지 풀이 과정을 쓰고 답을 구하시오.

[답]

5 한 변이 10cm인 정사각형 모양의 타일을 겹치지 않게 한 줄로 15장 이어 붙였습니다. 이어 붙인 모양의 둘레는 몇 cm입니까?

[답]

6 현우, 수진, 연경이가 두 명씩 가위바위보를 하여 이기면 2점, 비기면 1점, 지면 0점을 받기로 하였습니다. 현우가 1점, 수진이가 2점, 연경이가 3점을 받았고, 현우와 연경이가 비겼다면 수진이는 몇 번 이겼습니까?

[답]

7 돼지 저금통에 50원짜리 동전이나 500원짜리 동전 중 한 개를 하루도 빠짐없이 넣었습니다. 10월 한 달 동안 모은 돈이 모두 9200원일 때, 50원짜리 동전과 500원짜리 동전은 각각 몇 개씩입니까?

(50원짜리 동전) ______________________

(500원짜리 동전) ______________________

8 철민, 용우, 혜진, 석현, 민주, 아라는 서로 몸무게를 재어 다음과 같은 결과를 얻었습니다. 몸무게가 무거운 학생부터 차례로 이름을 쓰시오.

> ㉠ 용우는 혜진이보다 **3kg** 더 무겁습니다.
> ㉡ 민주는 석현이보다 **7kg** 더 가볍지만 아라보다 **3kg** 더 무겁습니다.
> ㉢ 아라는 혜진이보다 **4kg** 더 가볍지만 철민이보다 **1kg** 더 무겁습니다.
> ㉣ 석현이의 몸무게는 가장 무겁고, 민주의 몸무게는 네 번째입니다.

[답] ______________________

9 가구점 ㉮는 도매점에서 의자를 정가보다 만 원 싸게 구입해서 구입 가격의 **10%**의 이익을 붙여서 팔았습니다. 가구점 ㉯는 같은 상품을 2만 원 싸게 구입해서 구입 가격의 **20%**의 이익을 붙여서 팔았습니다. 가구점 ㉮, ㉯의 이익이 같다면, 이 의자의 정가는 얼마입니까?

[답] ______________________

10 그림과 같이 2m에서 20m까지의 짝수 길이로 전봇대를 세우려고 합니다. 필요한 전봇대의 길이의 합은 몇 m인지 풀이 과정을 쓰고 답을 구하시오.

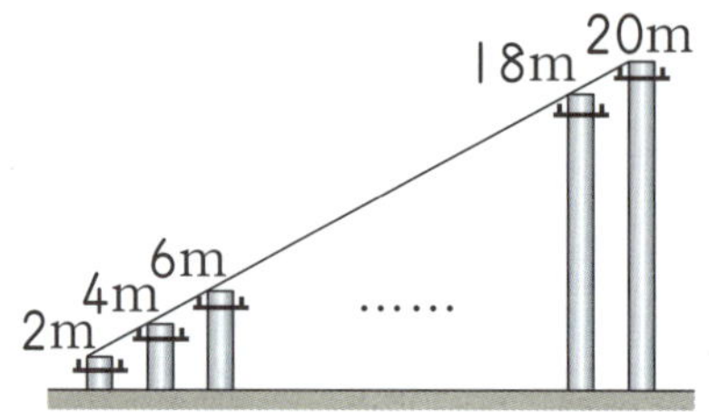

[답]

11 가 지역에서 나 지역까지의 교통수단에 따른 소요 시간을 조사한 표입니다. 다음 조건을 보고 (   ) 안에 알맞은 수를 써넣으시오.

교통수단	1분 동안 가는 거리	소요 시간	거리
고속 열차	( )km	2시간	372km
새마을 열차	2km	( )시간 ( )분	( )km
고속버스	1.7km	( )시간 ( )분	( )km

조건

㉠ 고속 열차가 1분 동안 가는 거리는 새마을 열차가 1분 동안 가는 거리의 155%입니다.

㉡ 고속버스로 가는 시간은 고속 열차로 가는 시간의 2배보다 10분이 더 걸립니다.

㉢ 새마을 열차가 달리는 철로와 고속버스가 달리는 고속 도로의 길이의 비는 86 : 85입니다.

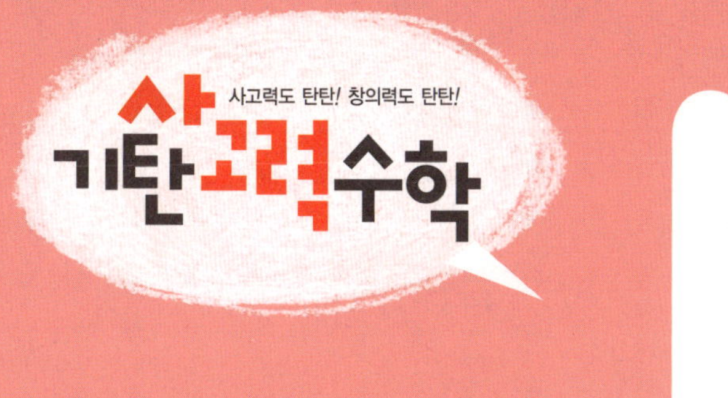

학습 관리표

학습 내용		이번 주는?
확인 학습	· 정비례와 반비례 · 문제 해결 방법 찾기 · 창의력 학습 · 경시대회 예상문제	• 학습 방법 : ① 매일매일 ② 가끔 ③ 한꺼번에 하였습니다. • 학습 태도 : ① 스스로 잘 ② 시켜서 억지로 하였습니다. • 학습 흥미 : ① 재미있게 ② 싫증내며 하였습니다. • 교재 내용 : ① 적합하다고 ② 어렵다고 ③ 쉽다고 하였습니다.
지도 교사가 부모님께		부모님이 지도 교사께
평가	Ⓐ 아주 잘함 Ⓑ 잘함 Ⓒ 보통 Ⓓ 부족함	

원(교)   반   이름   전화

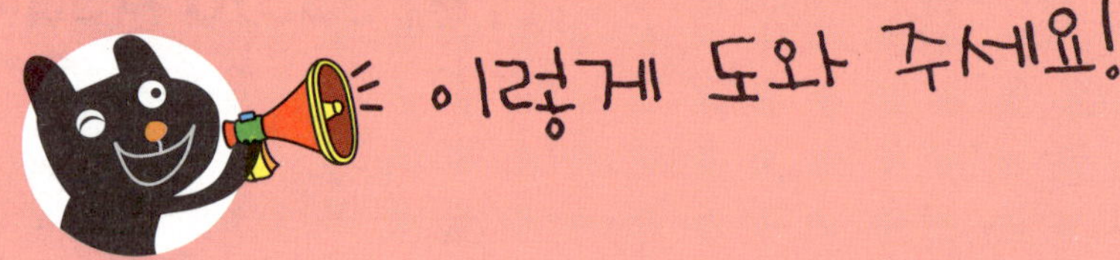

● 학습 목표
- 정비례의 뜻을 알고 정비례 관계식을 구할 수 있습니다.
- 반비례의 뜻을 알고 반비례 관계식을 구할 수 있습니다.
- 정비례와 반비례를 이용하여 실생활 문제를 해결할 수 있습니다.
- 한 문제를 2가지 방법으로 해결할 수 있고 그 차이점을 이해할 수 있습니다.
- 한 문제를 여러 가지 방법으로 해결할 수 있습니다.
- 문제를 풀어 보고 새로운 문제를 만들고 풀 수 있습니다.

● 지도 내용
- 두 양 사이의 관계를 식으로 나타낼 수 있게 합니다.
- 대응하여 변하는 두 양 사이의 관계를 알며 정비례의 개념을 이해하게 합니다.
- 정비례 관계식을 알아보게 합니다.
- 정비례의 문제를 이해하게 합니다.
- 반비례하는 두 양 사이의 관계를 알며 반비례의 개념을 이해하게 합니다.
- 반비례 관계식을 알아보게 합니다.
- 반비례의 문제를 이해하게 합니다.
- 그림을 그리거나 식을 세워 문제를 해결하게 합니다.
- 거꾸로 생각하거나 식을 세워 문제를 해결하게 합니다.
- 표를 만들거나 예상과 확인으로 문제를 해결하게 합니다.
- 여러 가지 방법으로 문제를 해결하게 합니다.
- 문제를 풀어 보고 새로운 문제를 만들어 풀게 합니다.

● 지도 요점
앞에서 학습한 정비례와 반비례, 문제 해결 방법 찾기를 확인 학습하는 주입니다.
여러 유형의 문제를 접해 보게 함으로써 아이가 학습한 지식을 잘 응용할 수 있
도록 지도해 주십시오.

✿ 이름 :

✿ 날짜 :

✿ 시간 :　　시　　분 ～　　시　　분

◆ **정비례와 반비례(1)** ◆

🐸 대응되는 두 수 사이의 규칙을 찾아 다음 표를 완성하고 ☐ 안에 알맞은 수를 써넣으시오. [1~2]

1

영빈이의 나이 x(세)	13	14	15	……	35
누나의 나이 y(세)	17	18		……	

$y = \boxed{} + x$

2

정삼각형의 수 x(개)	1	2	3	4	5
변의 수 y(개)	3	6			

$y = \boxed{} \times x$

3 바퀴가 4개인 승용차가 있습니다. 이 승용차의 수를 x대, 바퀴의 수를 y개라고 할 때, x와 y의 대응 관계를 식으로 나타내시오.

[식]

4 다음 대응표를 보고 물음에 답하시오.

x	6	7	8	9	10	……
y	54	63	72	81	90	……

(1) y는 x에 정비례합니까?

[답]

(2) x와 y의 대응 관계를 식으로 나타내시오.

[식]

5 한 상자에 구슬이 5개씩 들어 있습니다. 상자의 수를 x개, 구슬의 수를 y개라고 할 때, 다음 표를 완성하고 y는 x에 정비례하는지 쓰시오.

상자의 수 x(개)	1	2	3	4	5	……
구슬의 수 y(개)	5	10				……

[답]

6 메뚜기 한 마리의 다리는 6개입니다. 메뚜기의 수를 x마리, 다리의 수를 y개라고 할 때, 다음 표를 완성하고 y는 x에 정비례하는지 쓰시오.

메뚜기의 수 x(마리)	1	2	3	4	5	……
다리의 수 y(개)	6	12				……

[답]

 확인 학습

7 대응표를 보고 y가 x에 정비례하는 것의 기호를 쓰시오.

ㄱ

x	1	2	3	4	……
y	8	9	10	11	……

ㄴ

x	1	2	3	4	……
y	8	16	24	32	……

[답]

8 굵기가 일정한 철사가 있습니다. 이 철사 1m의 무게는 15g입니다. 철사의 길이를 xm, 철사의 무게를 yg이라고 할 때, 물음에 답하시오.

(1) x와 y의 대응 관계를 식으로 나타내시오.

[식]

(2) 철사 5m의 무게는 몇 g입니까?

[답]

(3) 무게가 120g일 때 철사의 길이는 몇 m입니까?

[답]

9 어느 전시회의 초등학생 입장료가 2000원입니다. 초등학생 수를 x명, 입장료를 y원이라고 할 때, 물음에 답하시오.

(1) x와 y의 대응 관계를 식으로 나타내시오.

[식]

(2) 초등학생 9명의 입장료는 모두 얼마입니까?

[답]

(3) 입장료가 모두 32000원일 때 전시회에 입장한 초등학생은 몇 명입니까?

[답]

10 다음 대응표를 보고 물음에 답하시오.

x	1	2	3	4	5	……
y	120	60	40	30	24	……

(1) y는 x에 반비례합니까?

[답]

(2) x와 y의 대응 관계를 식으로 나타내시오.

[식]

 확인 학습

11 구슬 60개를 학생들에게 똑같이 나누어 주려고 합니다. 학생 수를 x명, 한 명이 가지는 구슬 수를 y개라고 할 때, 다음 표를 완성하고 y는 x에 반비례하는지 쓰시오.

학생 수 x(명)	1	2	3	4	5	……	60
한 명이 가지는 구슬 수 y(개)	60	30				……	

[답]

12 거리가 72km인 길이 있습니다. 한 시간에 가는 거리를 $x$km, 걸리는 시간을 y시간이라고 할 때, 다음 표를 완성하고 y는 x에 반비례하는지 쓰시오.

한 시간에 가는 거리 x(km)	1	2	3	4	6	……	72
걸리는 시간 y(시간)	72	36				……	

[답]

13 대응표를 보고 y가 x에 반비례하는 것의 기호를 쓰시오.

㉠

x	1	2	3	6	……
y	18	9	6	3	……

㉡

x	1	2	3	4	……
y	7	14	21	28	……

[답]

14 넓이가 $90cm^2$인 직사각형이 있습니다. 이 직사각형의 가로를 $x$cm, 세로를 $y$cm라고 할 때, 물음에 답하시오.

(1) x와 y의 대응 관계를 식으로 나타내시오.

[식]

(2) 직사각형의 가로가 5cm일 때, 세로는 몇 cm입니까?

[답]

(3) 직사각형의 세로가 9cm일 때, 가로는 몇 cm입니까?

[답]

15 서로 맞물려 돌아가는 톱니바퀴 ㉮와 ㉯가 있습니다. 톱니 수가 30개인 ㉮가 한 바퀴 돌아가는 동안 ㉯는 톱니 수에 따라 돌아가는 횟수가 어떻게 변하는지 알아보려고 합니다. ㉯의 톱니 수를 x개, 돌아간 횟수를 y번이라고 할 때, 물음에 답하시오. 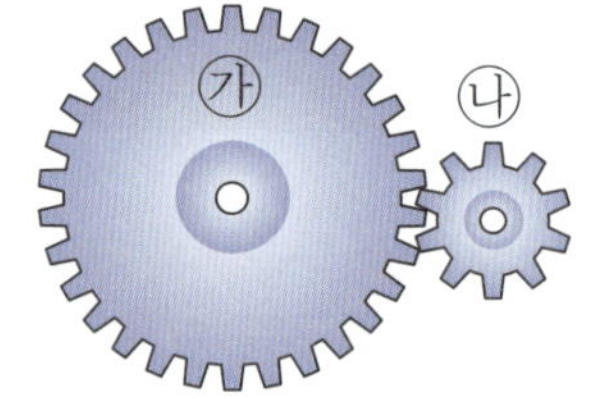

(1) x와 y의 대응 관계를 식으로 나타내시오.

[식]

(2) ㉯의 톱니 수가 10개일 때 몇 번 돌아갑니까?

[답]

(3) ㉯가 6번 돌아간다면 ㉯의 톱니 수는 몇 개입니까?

[답]

◆ **정비례와 반비례(2)** ◆

1 대응되는 두 수 사이의 규칙을 찾아 다음 표를 완성하고 x와 y의 대응 관계를 식으로 나타내시오.

돼지의 수 x(마리)	1	2	3	4	5
다리 수 y(개)	4	8			

[식]

2 그림과 같이 성냥개비로 정사각형을 만들려고 합니다. 대응되는 두 수 사이의 규칙을 찾아 다음 표를 완성하고, x와 y의 대응 관계를 식으로 나타내시오.

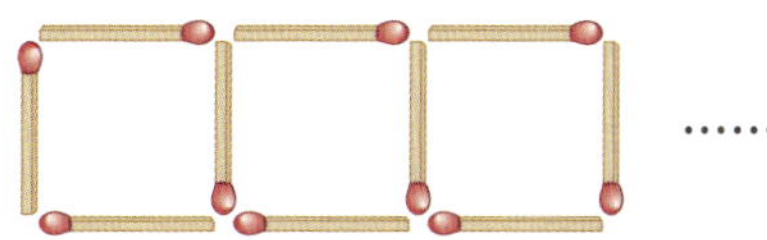

정사각형의 수 x(개)	1	2	3	4	5	……
성냥개비의 수 y(개)						……

[식]

3 영준이는 어제까지 영어 단어 30개를 외웠고 오늘부터 하루에 10개씩 외우려고 합니다. 오늘부터 영어 단어를 외우는 날수를 x일, 외운 전체 영어 단어 수를 y개라고 할 때, x와 y의 대응 관계를 식으로 나타내시오.

[식]

4 Ｉ분에 30mL씩 새는 수도가 있습니다. 물이 새는 시간을 x분, 샌 물의 양을 $y\text{mL}$라고 할 때, 다음 표를 완성하고 y는 x에 정비례하는지 쓰시오.

물이 새는 시간 x(분)	Ｉ	2	3	4	5	……
샌 물의 양 y(mL)						……

[답]

5 휘발유 ＩL로 ＩＩkm를 달릴 수 있는 자동차가 있습니다. 이 자동차가 휘발유 $x\text{L}$로 달릴 수 있는 거리를 $y\text{km}$라고 할 때, 다음 표를 완성하고 y는 x에 정비례하는지 쓰시오.

휘발유의 양 x(L)	Ｉ	2	3	4	5	……
달린 거리 y(km)						……

[답]

6 y는 x에 정비례한다고 할 때, 다음 표를 완성하시오.

x	Ｉ	2	3	4	5	……
y	15					……

확인 학습

확인 학습

7 한 개의 무게가 10g인 추가 있습니다. 이 추의 수를 x개, 추의 무게를 yg이라고 할 때, x와 y의 대응 관계를 식으로 나타내시오.

[식]

8 한 개에 900원인 초콜릿이 있습니다. 이 초콜릿의 수를 x개, 초콜릿의 값을 y원이라고 할 때, x와 y의 대응 관계를 식으로 나타내시오.

[식]

9 한 시간에 65km를 달리는 버스가 있습니다. 이 버스가 8시간을 달렸다면 몇 km를 달린 것입니까?

[답]

확인 학습

10 45명이 탈 수 있는 고속버스가 있습니다. 이 버스 11대에는 몇 명까지 탈 수 있습니까?

[답]

11 어느 인형 공장에서 한 시간에 260개의 인형을 만든다고 합니다. 이 인형 공장에서 같은 빠르기로 3900개의 인형을 만들려면 몇 시간이 걸리겠습니까?

[답]

12 부피가 24cm³인 직육면체의 한 밑면의 넓이를 $x$cm², 높이를 $y$cm라고 할 때, 다음 표를 완성하고 y는 x에 반비례하는지 쓰시오.

한 밑면의 넓이 x(cm²)	1	2	3	4	6	……	24
높이 y(cm)						……	

[답]

확인 학습

13 y는 x에 반비례한다고 할 때, 다음 표를 완성하시오.

x	1	2	4	5	……
y	100				……

14 은혜는 15000원을 모으려고 합니다. 매달 저금하는 금액을 x원, 모으는 기간을 y개월이라고 할 때, x와 y의 대응 관계를 식으로 나타내시오.

[식] ______________________

15 넓이가 40cm²인 삼각형이 있습니다. 밑변을 $x$cm, 높이를 $y$cm라고 할 때, x와 y의 대응 관계를 식으로 나타내시오.

[식] ______________________

16 전체가 150쪽인 동화책을 매일 같은 쪽수씩 읽으려고 합니다. 하루에 6쪽씩 읽는다면 동화책을 다 읽는 데 며칠이 걸립니까?

[답]

17 물이 2000L 있습니다. 이 물을 한 시간에 250L 사용한다면 물을 모두 사용하는 데 걸리는 시간은 몇 시간입니까?

[답]

18 세계의 석유 매장량은 약 2조 5000억 배럴이라고 알려져 있습니다. 1년에 사용하는 석유의 양이 1000억 배럴이라면 몇 년간 사용할 수 있습니까?

[답]

확인 학습

✿ 이름 :

✿ 날짜 :

✿ 시간 :　　시　　분 ~ 　　시　　분

확인

◆ **문제 해결 방법 찾기(1)** ◆

승미네 반에서는 게시판의 $\dfrac{3}{8}$ 을 그림 작품으로 꾸미고 나머지의 $\dfrac{9}{10}$ 를 글짓기로 꾸몄더니 600cm^{2}가 남았습니다. 전체 게시판의 넓이는 몇 cm^{2}인지 알아보려고 합니다. 물음에 답하시오. [1~2]

1 그림을 그려서 문제를 해결하여 보시오.

(1) 그림 작품과 글짓기 부분을 표시하시오.

(2)(1)에서 그림 작품과 글짓기 부분을 표시하고 남은 칸은 전체의 얼마입니까?

[답]

(3) 전체 게시판의 넓이는 몇 cm^{2}입니까?

[답]

2 식을 세워서 문제를 해결하여 보시오.

(1) 전체 게시판의 넓이를 $x$cm^{2}라 하고 식을 세워 전체 게시판의 넓이를 구하려고 합니다. ☐ 안에 알맞은 수를 써넣으시오.

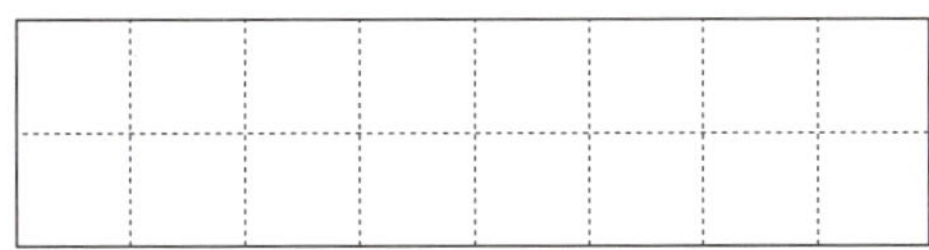

$$x \times \left(1 - \dfrac{\square}{8}\right) \times \left(1 - \dfrac{\square}{10}\right) = 600, \quad x \times \dfrac{1}{\square} = 600, \quad x = \square$$

(2) 전체 게시판의 넓이는 몇 cm^{2}입니까?

[답]

확인 학습

영준이는 용돈으로 500원짜리 지우개 4개를 사고, 1000원짜리 공책 2권을 샀습니다. 그 후 남은 돈의 $\frac{1}{4}$로 떡볶이를 사 먹었더니 9000원이 남았습니다. 영준이의 용돈은 얼마인지 알아보려고 합니다. 물음에 답하시오. [3~4]

3 거꾸로 생각하여 문제를 해결하여 보시오.

(1) 빈칸에 알맞은 수를 써넣으시오.

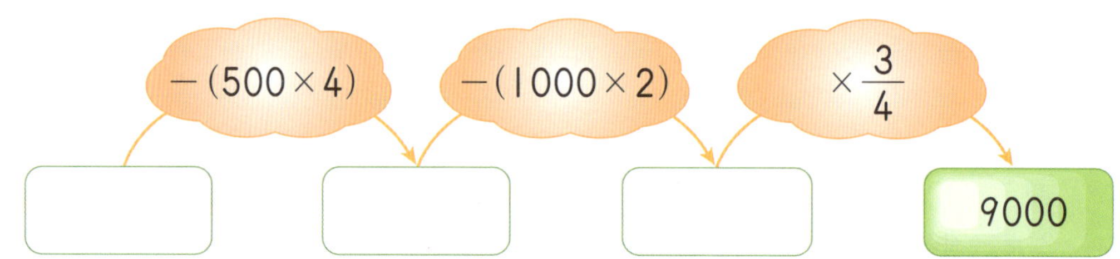

(2) 영준이의 용돈은 얼마입니까?

[답]

4 식을 세워서 문제를 해결하여 보시오.

(1) 영준이의 용돈을 x원이라 하고 식을 세워 영준이의 용돈을 구하려고 합니다. ☐ 안에 알맞은 수를 써넣으시오.

$$(x - 500 \times \boxed{} - 1000 \times \boxed{}) \times \frac{\boxed{}}{4} = 9000,$$

$$(x - 4000) \times \frac{\boxed{}}{4} = 9000, \quad x - 4000 = \boxed{}, \quad x = \boxed{}$$

(2) 영준이의 용돈은 얼마입니까?

[답]

 확인 학습

🐸 꽃이 3송이 또는 4송이씩 꽂혀 있는 꽃병이 6개 있습니다. 꽃이 모두 22송이일 때, 3송이씩 꽂혀 있는 꽃병과 4송이씩 꽂혀 있는 꽃병은 각각 몇 개인지 알아보려고 합니다. 물음에 답하시오. [5~6]

5 표를 작성하여 문제를 해결하여 보시오.

(1) 꽃병이 6개가 되도록 표를 완성하시오.

꽃이 3송이씩 꽂혀 있는 꽃병의 수(개)	꽃이 4송이씩 꽂혀 있는 꽃병의 수(개)	꽃의 수(송이)
1	5	$3 \times 1 + 4 \times 5 = 23$
2		
3		

(2) 3송이씩 꽂혀 있는 꽃병과 4송이씩 꽂혀 있는 꽃병은 각각 몇 개인지 차례로 구하시오.

[답]

6 예상과 확인으로 문제를 해결하여 보시오.

(1) 꽃이 3송이씩 꽂혀 있는 꽃병과 꽃이 4송이씩 꽂혀 있는 꽃병이 각각 3개일 때, 꽃은 모두 몇 송이입니까?

[답]

(2) 꽃이 3송이씩 꽂혀 있는 꽃병과 꽃이 4송이씩 꽂혀 있는 꽃병 중 어느 것의 개수가 더 많아야 합니까?

[답]

(3) 꽃이 3송이씩 꽂혀 있는 꽃병과 꽃이 4송이씩 꽂혀 있는 꽃병은 각각 몇 개인지 차례로 구하시오.

[답]

7명의 학생들이 서로 한 번씩 악수를 한다면 악수는 모두 몇 번 하게 되는지 알아보려고 합니다. 물음에 답하시오. [7~9]

7 그림을 그려서 악수는 모두 몇 번 하게 되는지 구하시오.

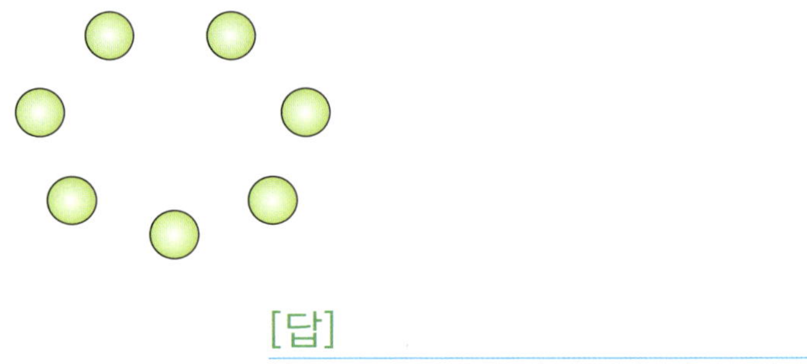

[답]

8 규칙을 찾아 문제를 해결하여 보시오.

(1) 2명, 3명, 4명, 5명이 악수를 할 때 각각 몇 번 하게 되는지 차례로 구하시오.

[답]

(2) 7명의 학생들이 서로 한 번씩 악수를 한다면 악수는 모두 몇 번 하게 됩니까?

[답]

9 식을 만들어 악수는 모두 몇 번 하게 되는지 구하시오.

[식]   [답]

 확인 학습

확인 학습

🐸 가로와 세로의 비가 3 : 1인 직사각형이 있습니다. 이 직사각형의 둘레가 24cm 일 때 가로와 세로는 각각 몇 cm인지 알아보려고 합니다. 물음에 답하시오.

[10~12]

10 그림을 그려서 직사각형의 가로와 세로는 각각 몇 cm인지 차례로 구하시오.

[답]

11 예상과 확인으로 문제를 해결하여 보시오.

(1) 둘레가 24cm일 때 가로와 세로의 합은 몇 cm입니까?

[답]

(2) 직사각형의 가로와 세로는 각각 몇 cm인지 차례로 구하시오.

[답]

12 세로를 $x$cm라 하고 x를 포함하는 등식을 만들어 직사각형의 가로와 세로는 각각 몇 cm인지 차례로 구하시오.

[식]　　　　　　　　　　　　　[답]

13 오른쪽 그림과 같이 반지름이 6cm인 원 안에 반지름이 3cm인 원이 있습니다. 색칠한 부분의 넓이를 구하시오.

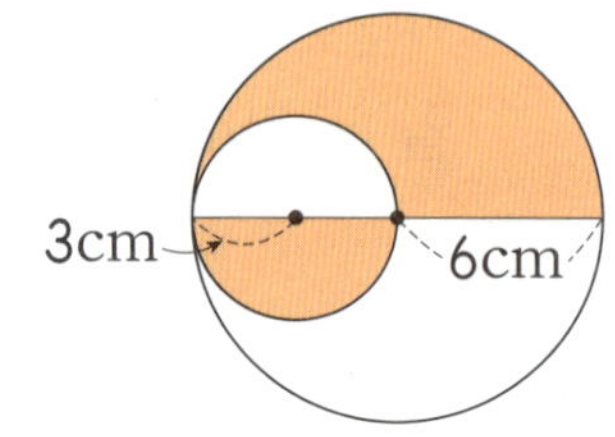

[답]

14 13번 문제에서 어떤 조건을 바꾸면 원에 관한 새로운 문제를 만들 수 있는지 그런 조건들을 나타내는 낱말에 (   )로 표시해 보시오.

> 반지름이 6cm인 원 안에 반지름이 3cm인 원이 있습니다. 색칠한 부분의 넓이를 구하시오.

15 13번 문제의 조건을 바꾸어 반지름이 6cm인 원 안에 반지름이 5cm인 원이 있는 새로운 문제를 만들었습니다. 색칠한 부분의 둘레와 넓이를 차례로 구하시오.

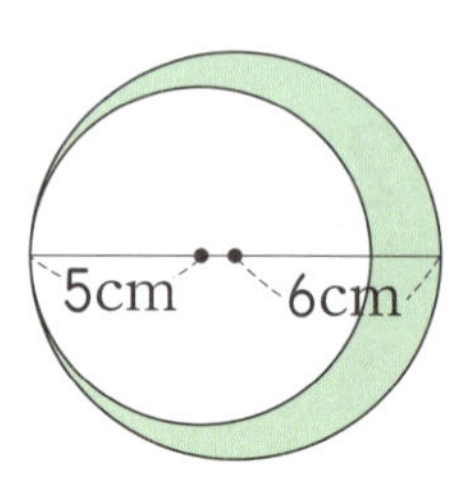

[답]

확인 학습

✿ 이름 :

✿ 날짜 :

✿ 시간 :　　　시　　분 ～ 　　시　　분

◆ **문제 해결 방법 찾기(2)** ◆

1 진경이가 학교에서 집까지 가는 데에는 **24**분이 걸립니다. 진경이가 학교에서 집에 가는 도중 어머니를 만나기로 했습니다. 진경이가 학교에서 출발할 때 어머니도 동시에 집에서 출발하여 진경이의 **3**배 빠르기로 걷는다면 두 사람이 출발한 지 몇 분 후에 만날 수 있습니까?

[답]

2 용주와 민주는 구슬을 가지고 있습니다. 용주가 가진 구슬의 수는 민주가 가진 구슬의 수의 $\frac{2}{5}$입니다. 두 사람이 가진 구슬의 수의 합이 **49**개라면 민주가 가진 구슬은 모두 몇 개입니까?

[답]

3 학생들이 같은 간격으로 원 모양을 만들어 강강술래를 합니다. 첫 번째 학생과 열 번째 학생이 서로 마주 보고 있다면 강강술래를 하고 있는 학생은 모두 몇 명입니까?

[답]

확인 학습 

4 소현이가 혼자서 집 안을 청소하면 2시간이 걸립니다. 소현이 어머니께서는 소현이보다 2배 빠르기로 청소하실 수 있습니다. 소현이와 어머니가 집 안을 같이 청소하면 얼마가 걸리겠습니까?

[답]

5 선주는 가진 사탕의 $\dfrac{1}{6}$ 을 동생에게 주고, 남은 사탕의 $\dfrac{5}{8}$ 를 친구에게 주었습니다. 남은 사탕이 30개일 때 처음에 선주가 가진 사탕은 몇 개입니까?

[답]

6 어떤 수에 6을 더하고 $\dfrac{9}{11}$ 로 나눈 후 $\dfrac{2}{5}$ 를 곱했더니 44가 되었습니다. 어떤 수는 얼마입니까?

[답]

확인 학습

7 원영이는 처음에 돈을 얼마 가지고 있었는데 어머니께서 용돈으로 5000원을 주셨습니다. 3000원으로 친구의 생일 선물을 사고 남은 돈의 $\dfrac{3}{5}$으로 과자를 사 먹었더니 1600원이 남았습니다. 원영이가 처음에 가지고 있던 돈은 얼마입니까?

[답]

8 우유 2L를 주연, 석준, 혜주 세 사람이 나누어 마셨습니다. 주연이는 석준이보다 100mL 적게, 혜주는 석준이보다 300mL 많게 나누어 마셨습니다. 석준이는 얼마를 마셨습니까?

[답]

9 영어 단어 맞히기 게임을 하였습니다. 기본 점수 15점에서 시작하여 한 문제를 맞힐 때마다 4점을 얻고, 한 문제를 틀릴 때마다 1점이 감점됩니다. 강현이는 20문제를 풀고 80점을 받았습니다. 맞힌 문제는 몇 개입니까?

[답]

10 진희는 16000원을 가지고 한 개에 1000원 하는 사과와 한 개에 3000원 하는 배를 합하여 10개를 샀습니다. 사과와 배를 각각 몇 개씩 샀는지 차례로 구하시오.

[답]

11 둘레가 40cm이고 넓이가 91cm^{2}인 직사각형이 있습니다. 세로가 가로보다 길다면 가로는 몇 cm입니까?

[답]

12 두발자전거와 세발자전거가 모두 16대 있습니다. 자전거의 바퀴가 모두 43개라면 두발자전거는 몇 대입니까?

[답]

확인 학습

확인 학습

13 한 변이 9cm인 정사각형 모양의 타일을 겹치지 않게 한 줄로 9장 연결하여 직사각형 모양을 만들었습니다. 직사각형의 둘레는 몇 cm입니까?

[답]

14 그림과 같이 4인용 식탁을 한 줄로 이어 붙이려고 합니다. 식탁을 14개 이어 붙이면 모두 몇 명이 앉을 수 있습니까?

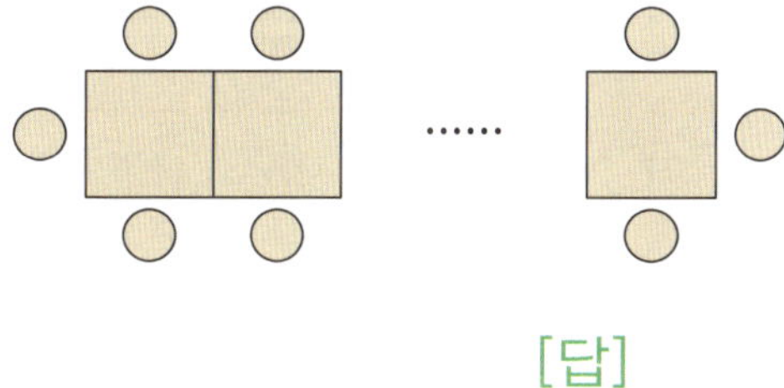

[답]

15 그림과 같은 규칙으로 모눈종이의 가로줄과 세로줄이 만나는 곳에 점을 찍었습니다. 6번째에는 점을 모두 몇 개 찍어야 합니까?

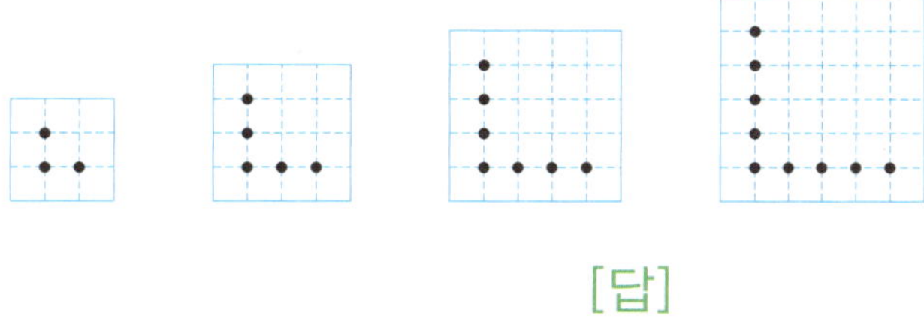

[답]

16 오른쪽 그림과 같이 반지름이 **7cm**인 원 **2**개가 붙어 있습니다. 색칠한 부분의 넓이를 구하시오.

[답]

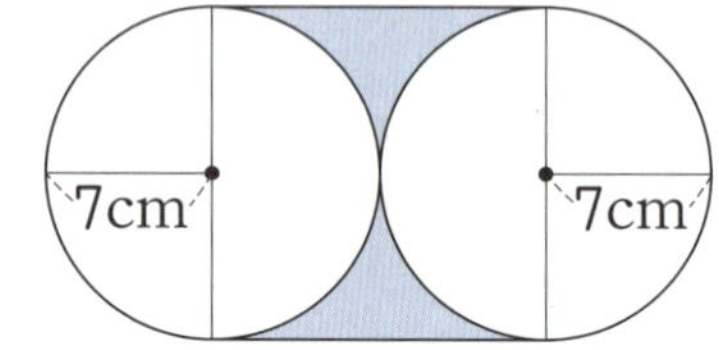

17 16번 문제에서 어떤 조건을 바꾸면 원에 관한 새로운 문제를 만들 수 있는지 그런 조건들을 나타내는 낱말에 ( )로 표시해 보시오.

> 반지름이 **7cm**인 원 **2**개가 붙어 있습니다. 색칠한 부분의 넓이를 구하시오.

18 16번 문제의 조건을 바꾸어 새로운 문제를 만들고 답을 구하시오.

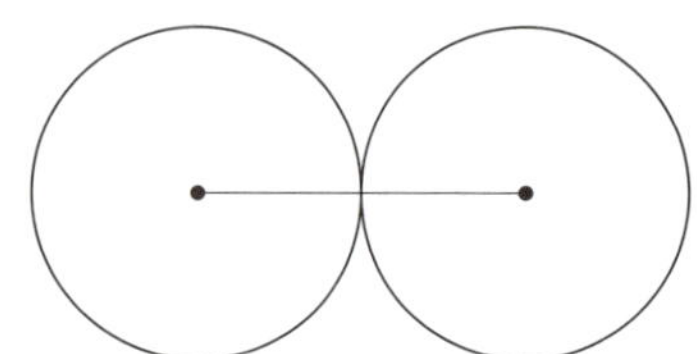

[답]

🔵 창의력 학습

다현이는 슈퍼마켓에서 물건을 살 때 한 장에 450원씩 할인받는 쿠폰을 가지고 있습니다. 쿠폰 수와 할인받은 금액 사이에는 어떤 관계가 있는지 식으로 쓰고, 다현이가 오늘 슈퍼마켓에서 할인받은 금액이 4950원이라면 쿠폰은 몇 장 사용하였는지 구하시오.

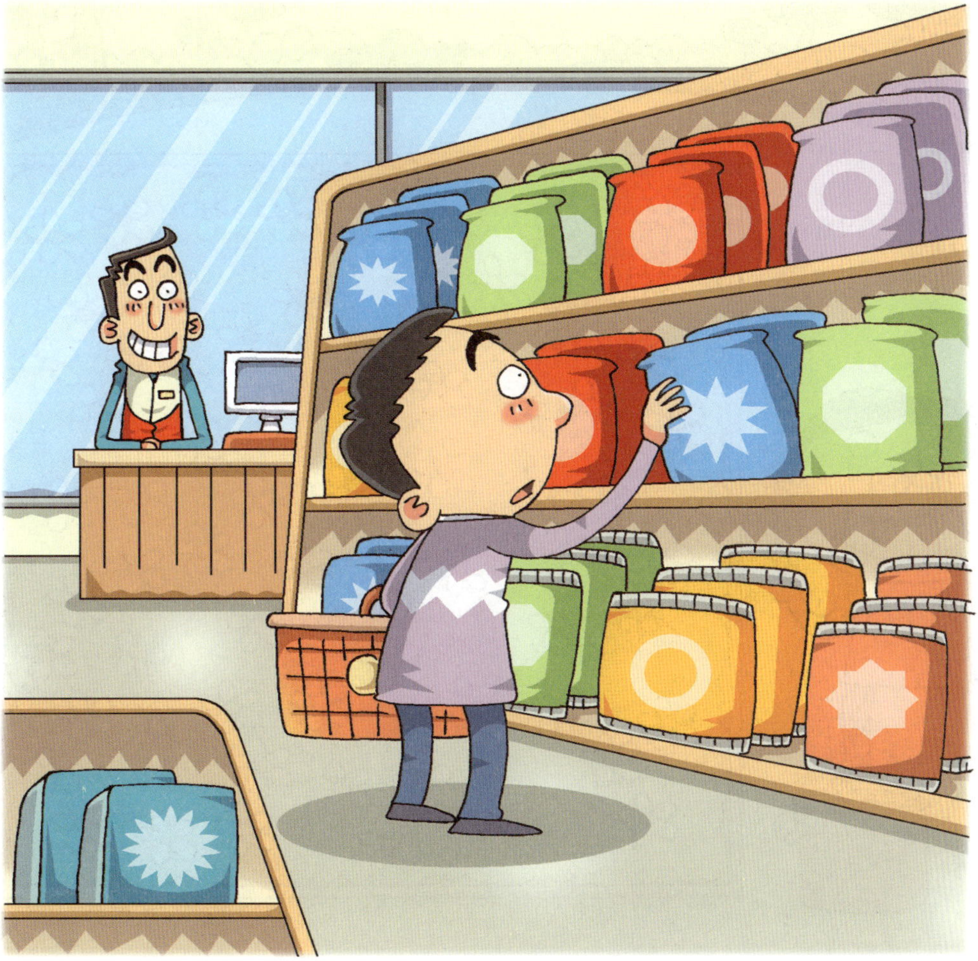

[답]

수진이가 한 변이 15m인 정사각형 모양의 꽃밭을 손질하는 데 걸리는 시간은 1시간 30분입니다. 같은 빠르기로 수진이가 한 변이 5m인 정사각형 모양의 꽃밭을 손질하려면 얼마나 걸리겠습니까?

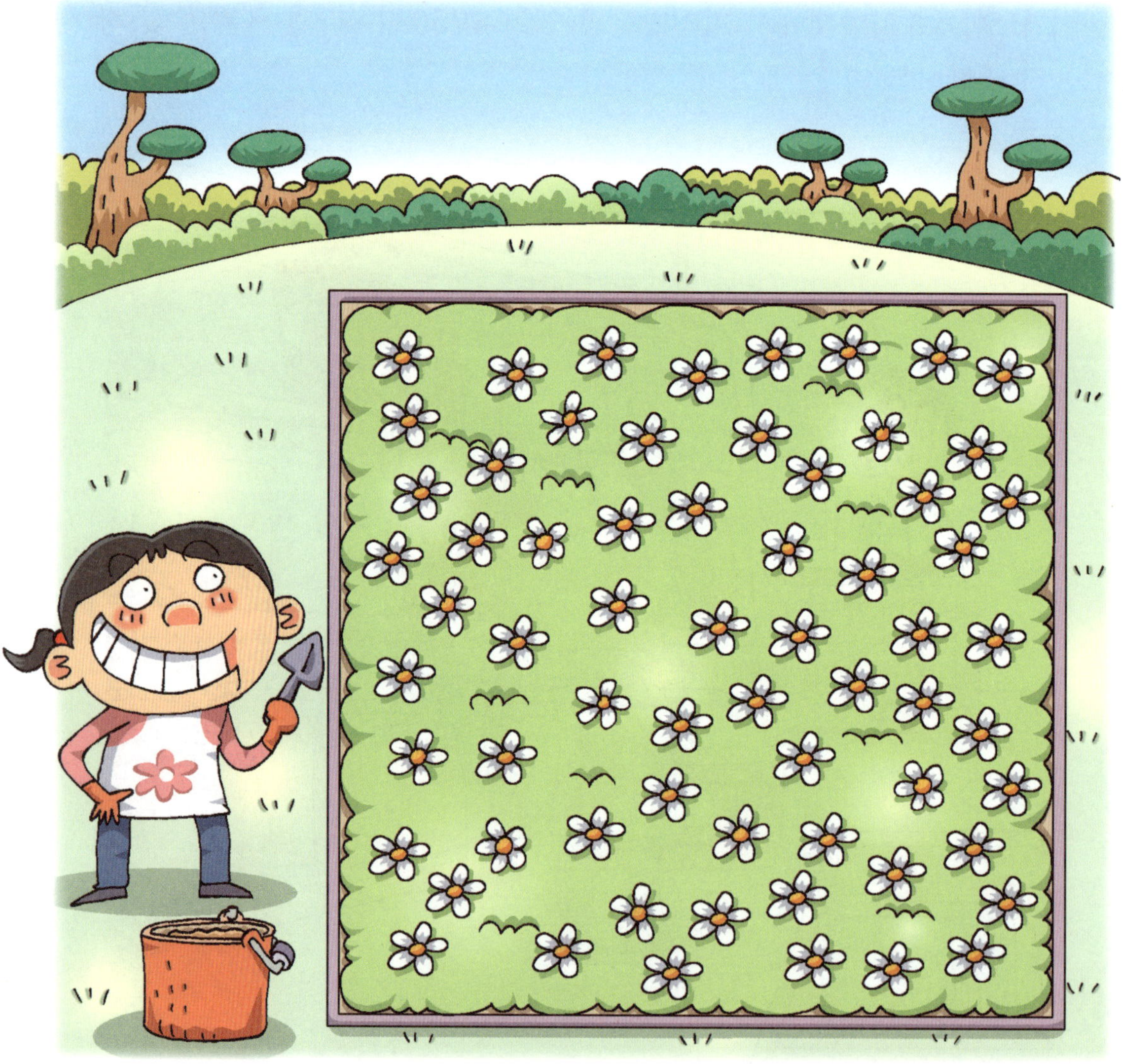

[답]

➕ 경시대회 예상문제

1 다음 (   ) 안에 y가 x에 정비례하는 것은 정, 반비례하는 것은 반이라고 쓰시오.

(1) 넓이가 $180cm^2$인 직사각형의 가로 $x$cm, 세로 $y$cm   (   )

(2) 원의 반지름 $x$cm, 원의 둘레 $y$cm   (   )

(3) 20L 들이 물통에 매분 넣는 물의 양 xL, 걸리는 시간 y분   (   )

2 4시간에 280km를 일정한 속도로 달리는 자동차가 있습니다. 이 자동차로 달리는 시간을 x시간, 간 거리를 $y$km라고 할 때, x와 y의 대응 관계를 식으로 나타내시오.

[식]

3 길이가 4m인 막대를 똑바로 세웠더니 4.8m의 그림자가 생겼습니다. 같은 시각에 그림자의 길이가 30m인 어떤 건물의 높이는 몇 m인지 풀이 과정을 쓰고 답을 구하시오.

[답]

4 하루에 4시간씩 일을 하면 15일이 걸리는 일을 10일 만에 마치려면 하루에 몇 시간씩 일을 해야 합니까?

[답]

5 서로 맞물려 돌아가는 두 톱니바퀴 ㉮, ㉯가 있습니다. ㉮의 톱니 수는 25개 이고 ㉯의 톱니 수는 15개입니다. 톱니바퀴 ㉮가 30바퀴 돌아가는 동안 톱니바퀴 ㉯는 몇 번 돌아갑니까?

[답]

6 안치수의 높이가 80cm인 원기둥 모양의 물통에 물을 넣기 시작한지 10분 만에 물의 높이가 16cm가 되었습니다. 같은 빠르기로 이 물통에 물을 더 넣어 물통의 절반까지 채우려면 몇 분이 더 걸리겠습니까?

[답]

7 정사각형 모양의 땅 둘레에 5m 간격으로 화분을 놓았다가 다시 8m 간격으로 놓았더니 화분 9개가 남았습니다. 이 땅의 둘레는 몇 m입니까?

[답]

8 민준, 유리, 재웅, 은성이는 각각 서로 다른 공을 2가지씩 선택했습니다. 유리가 선택한 공은 무엇과 무엇입니까?

> - 축구공, 배구공, 농구공, 야구공이 각각 2개씩 있습니다.
> - 민준이는 축구공을 선택했습니다.
> - 재웅이는 배구공을 선택하지 않았습니다.
> - 유리와 재웅이는 야구공을 선택하지 않았습니다.

[답]

9 윤정이는 종이배와 종이학을 합쳐 84개 접었습니다. 이중 $\frac{1}{4}$이 종이배입니다. 윤정이는 종이학의 $\frac{5}{9}$를 친구에게 주고, 나머지 종이학의 $\frac{4}{7}$는 동생에게 주었습니다. 친구와 동생에게 준 종이학은 몇 개입니까?

[답]

10 직사각형 ㄱㄴㄷㅁ과 삼각형 ㅁㄴㄹ의 넓이의 비가 3 : 2일 때, 변 ㄱㅁ은 몇 cm인지 풀이 과정을 쓰고 답을 구하시오.

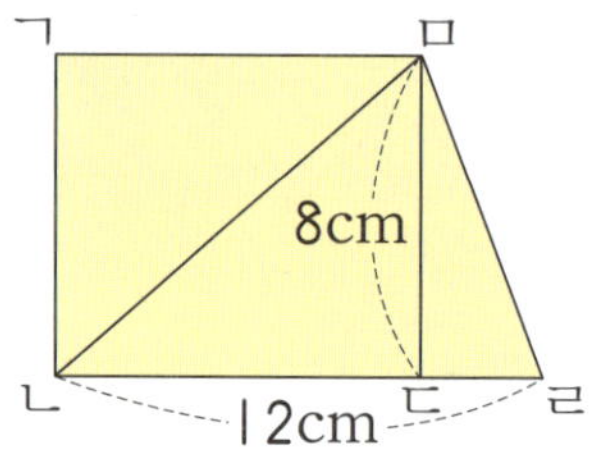

[답]

11 떨어진 높이의 60%를 튀어 오르는 공이 있습니다. 이 공이 세 번째 튀어 오른 높이가 54cm일 때, 이 공은 처음에 몇 cm 높이에서 떨어졌습니까?

[답]

12 길이가 20cm인 양초 ㉮와 14cm인 양초 ㉯가 각각 1자루씩 있습니다. 양초 ㉮는 2분에 0.5cm가 타고, 양초 ㉯는 5분에 0.5cm가 탑니다. 두 양초를 동시에 태우기 시작하면 두 양초의 길이가 같아지는 때는 몇 분 후입니까?

[답]

경시대회 예상문제

학습 관리표

학습 내용	이번 주는?
확인 학습 · 분수와 소수의 혼합 계산 · 원기둥과 원뿔 · 직육면체의 겉넓이와 부피 · 원기둥의 겉넓이와 부피 · 경우의 수와 확률 · 방정식 · 정비례와 반비례 · 문제 해결 방법 찾기 · 창의력 학습 · 경시대회 예상문제 · 종료 테스트	· 학습 방법 : ① 매일매일 ② 가끔 ③ 한꺼번에 　　　　　　 하였습니다. · 학습 태도 : ① 스스로 잘 ② 시켜서 억지로 　　　　　　 하였습니다. · 학습 흥미 : ① 재미있게 ② 싫증내며 　　　　　　 하였습니다. · 교재 내용 : ① 적합하다고 ② 어렵다고 ③ 쉽다고 　　　　　　 하였습니다.
지도 교사가 부모님께	**부모님이 지도 교사께**

평가	Ⓐ 아주 잘함	Ⓑ 잘함	Ⓒ 보통	Ⓓ 부족함

원(교)　　　　　　반　이름　　　　　　전화

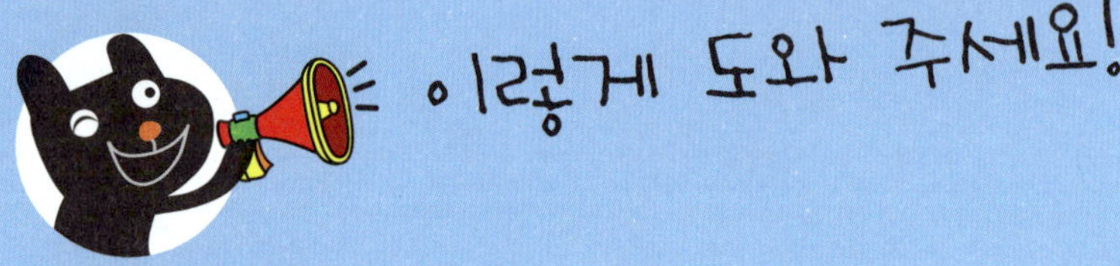

● 학습 목표

- 분수와 소수의 혼합 계산을 할 수 있습니다.
- 원기둥과 원뿔을 이해하고 특징을 알 수 있습니다.
- 회전체를 이해하고 회전체의 단면과 특징을 알 수 있습니다.
- 직육면체와 정육면체의 겉넓이와 부피를 구할 수 있습니다.
- 원기둥의 겉넓이와 부피를 구할 수 있습니다.
- 경우의 수와 확률을 이해하고 구할 수 있습니다.
- 미지수 x를 사용한 방정식을 등식의 성질을 이용하여 풀 수 있습니다.
- 정비례와 반비례의 뜻을 알고, 관계식을 구할 수 있습니다.
- 한 문제를 여러 가지 방법으로 해결할 수 있습니다.

● 지도 내용

- 분수와 소수의 혼합 계산의 계산 순서를 알고, 편리한 형태로 고쳐서 계산하게 합니다.
- 원기둥과 원뿔을 이해하고 구성 요소를 알게 합니다.
- 회전체와 회전축을 이해하고 회전체의 단면과 특징을 알게 합니다.
- 직육면체와 정육면체의 겉넓이와 부피를 구해 보게 합니다.
- 원기둥의 겉넓이와 부피를 구해 보게 합니다.
- 여러 가지 경우의 수와 확률을 구해 보게 합니다.
- 미지수 x를 사용한 방정식을 등식의 성질을 이용하여 풀어 보게 합니다.
- 정비례와 반비례의 관계식을 구하게 하고, 실생활 문제를 해결하게 합니다.
- 한 문제를 여러 가지 방법으로 해결하게 합니다.

● 지도 요점

앞에서 학습한 1~8단원까지의 내용을 총정리하는 주입니다.
여러 유형의 문제를 접해 보게 함으로써 학습한 지식을 응용할 수 있도록 지도해 주십시오. 그리고 종료 테스트를 이용하여 주어진 시간 내에 모든 문제를 푸는 연습을 하도록 해 주십시오.

◆ 분수와 소수의 혼합 계산 ◆

다음을 계산하시오. [1~2]

1 $2.8 \div 3\dfrac{1}{2}$

2 $2\dfrac{2}{5} \div 1.92$

3 분수를 소수로 고쳐서 계산하고, 소수로 나누어떨어지지 않으면 소수 둘째 자리에서 반올림하시오.

$$6\dfrac{3}{4} \div 2.28$$

[답]

4 넓이가 $4\dfrac{4}{5}$ m²인 꽃밭이 있습니다. 이 꽃밭의 가로가 1.5m이면 세로는 몇 m입니까?

[답]

5 계산 결과가 더 큰 것의 기호를 쓰시오.

$$㉠\ 4\dfrac{1}{5} \div 1.2 - 0.7 \qquad ㉡\ 4\dfrac{1}{5} \div (1.2 - 0.7)$$

[답]

확인 학습 

6 계산 순서대로 ○ 안에 번호를 써넣고, 계산을 하시오.

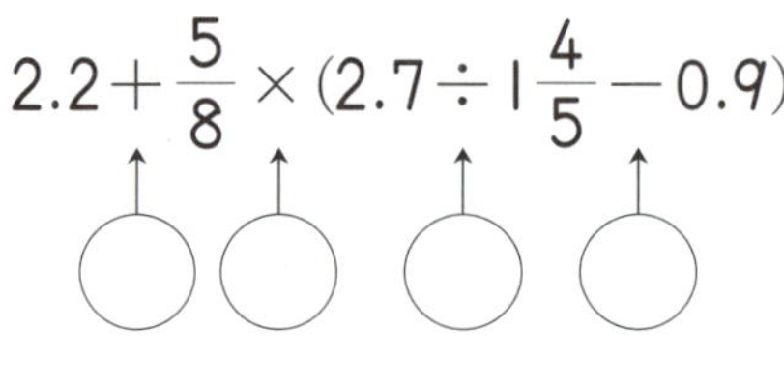

$$2.2 + \frac{5}{8} \times \left(2.7 \div 1\frac{4}{5} - 0.9\right)$$

[답]

다음을 계산하시오. [7~8]

7 $2\frac{1}{2} + 4.8 \div \frac{4}{5} \times 0.6 - \frac{3}{4}$

8 $\left(3\frac{7}{10} + 1.2\right) \div 1\frac{2}{5} \times \frac{4}{7} - 0.8$

9 다음 사다리꼴의 넓이가 4.65cm^2일 때, 높이는 몇 cm입니까?

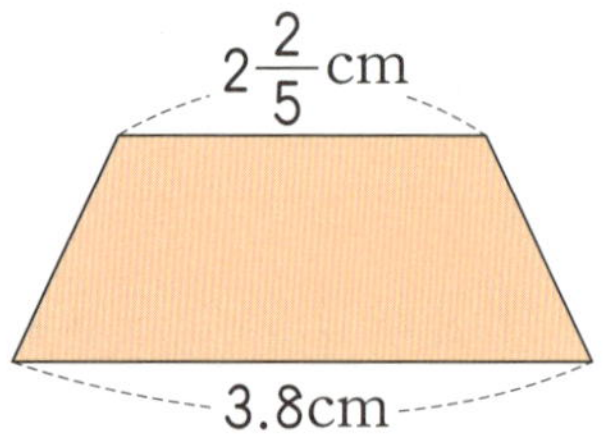

[답]

✿ 이름 :

✿ 날짜 :

✿ 시간 :　　시　　분～　　시　　분

◆ **원기둥과 원뿔** ◆

1 원기둥을 모두 찾아 쓰시오.

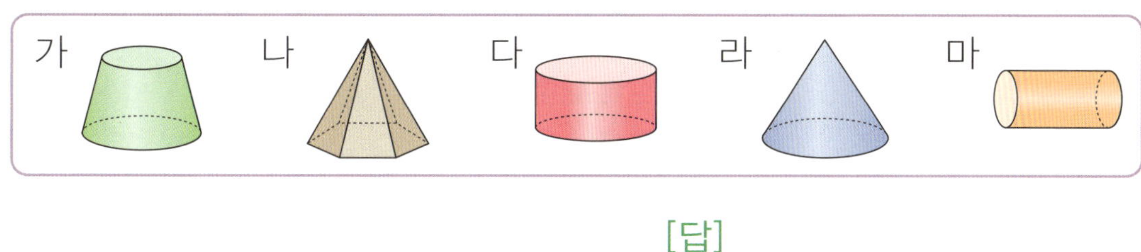

[답]

2 각 부분의 이름을 □ 안에 써넣으시오.

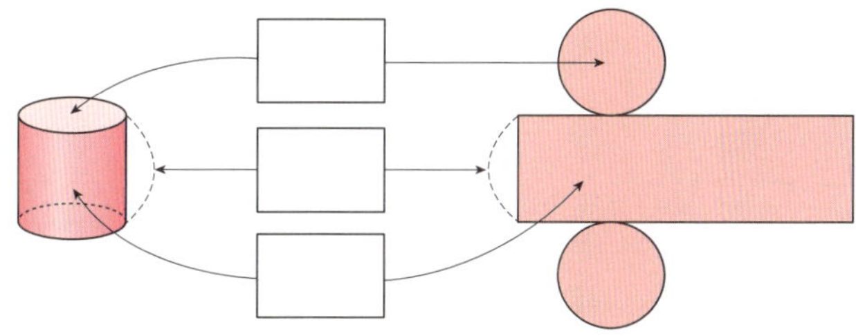

3 원기둥의 전개도에서 한 밑면의 둘레가 **25.12cm**일 때, 직사각형 ㄱㄴㄷㄹ의 둘레를 구하시오.

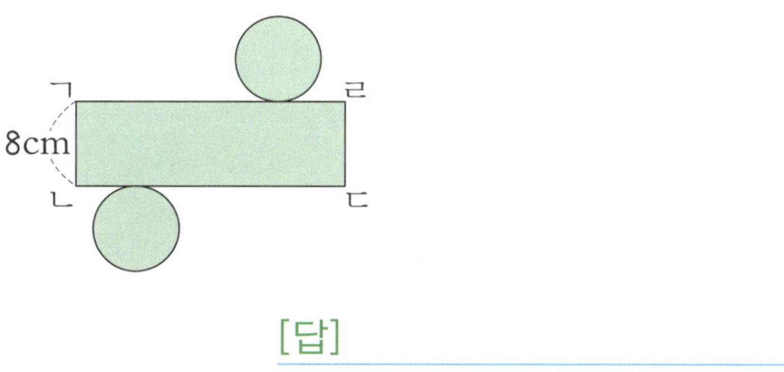

[답]

확인 학습 

4 원뿔에서 모선의 길이는 몇 cm입니까?

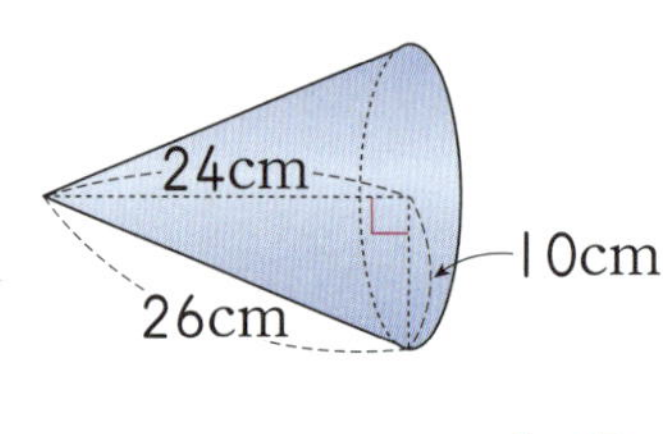

[답]

5 원기둥과 원뿔을 비교하여 빈칸에 알맞은 수나 말을 써넣으시오.

입체도형	밑면의 모양	밑면의 수(개)

6 회전체가 <u>아닌</u> 것은 어느 것입니까? (   )

① 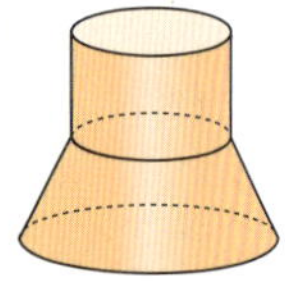 ② 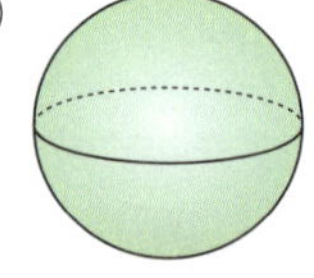 ③ 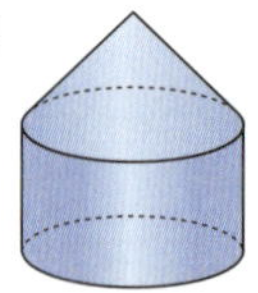

④ 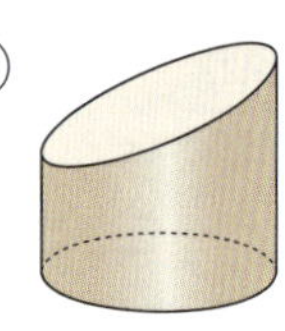 ⑤ 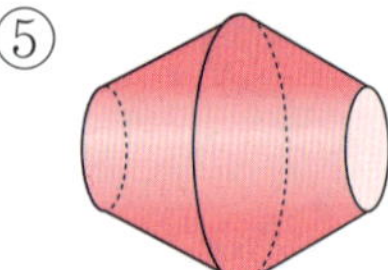

7 회전체의 회전축을 찾아 기호를 쓰시오.

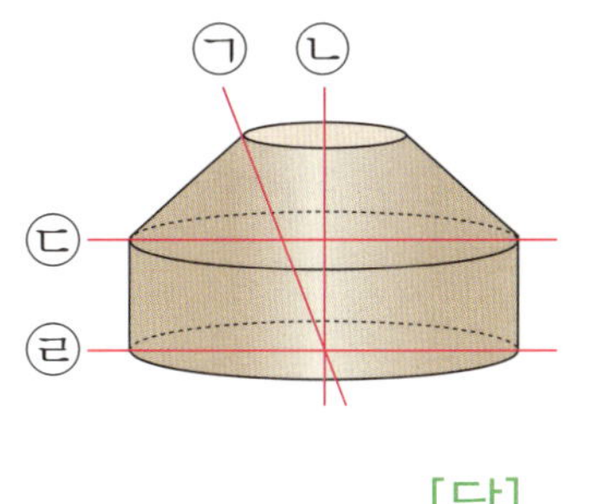

[답]

8 다음 평면도형을 회전축을 중심으로 하여 한 번 돌려 얻은 구의 반지름은 몇 cm입니까?

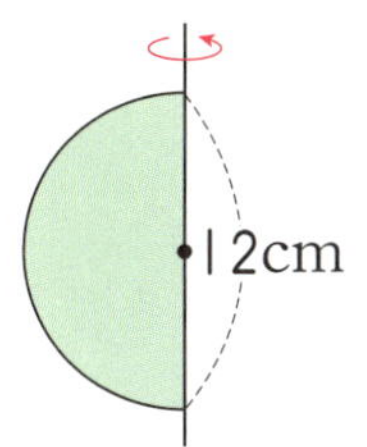

[답]

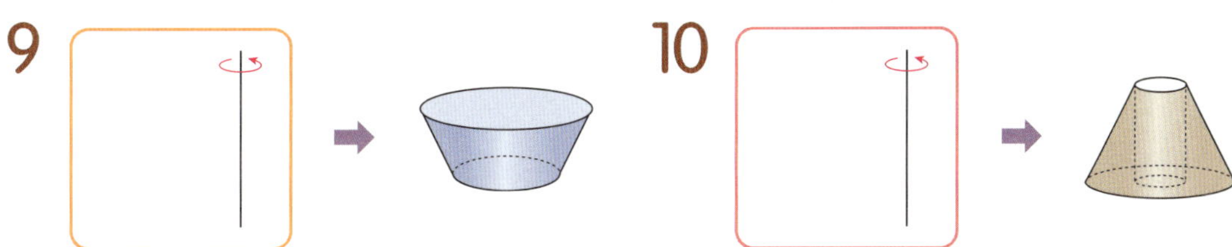

다음 회전체는 어떤 도형을 회전축을 중심으로 하여 한 번 돌려 얻은 것입니다. 돌린 평면도형을 그려 보시오. [9~10]

9

10

11 회전체를 회전축을 품은 평면으로 자른 단면을 그려 보시오.

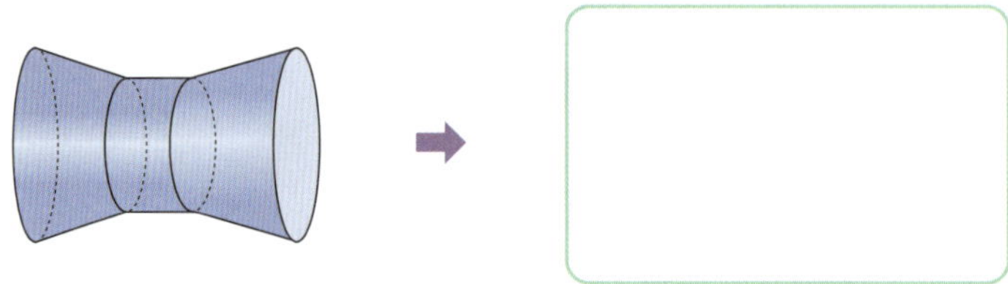

12 회전체를 평면으로 여러 방향에서 자른 단면을 그려 보시오.

자르는 방향			
단면			

13 다음 평면도형을 회전축을 중심으로 하여 한 번 돌렸을 때 만들어지는 회전체를 회전축을 품은 평면으로 잘랐을 때의 단면의 넓이를 구하시오.

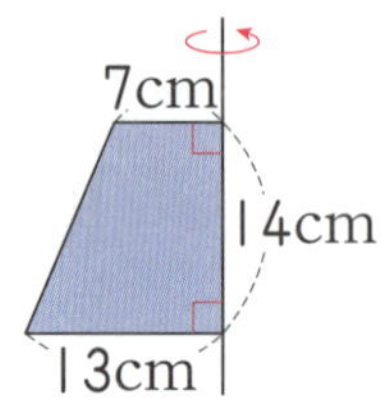

[답]

◆ 직육면체의 겉넓이와 부피 ◆

🐸 직육면체의 겉넓이를 구하시오. [1~2]

1

[답]

2

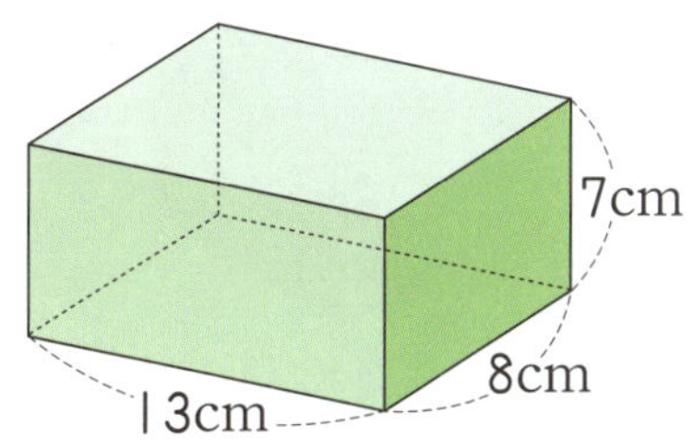

[답]

3 모든 모서리의 길이의 합이 72cm인 정육면체의 겉넓이를 구하시오.

[답]

4 직육면체의 전개도를 보고 직육면체의 겉넓이를 구하시오.

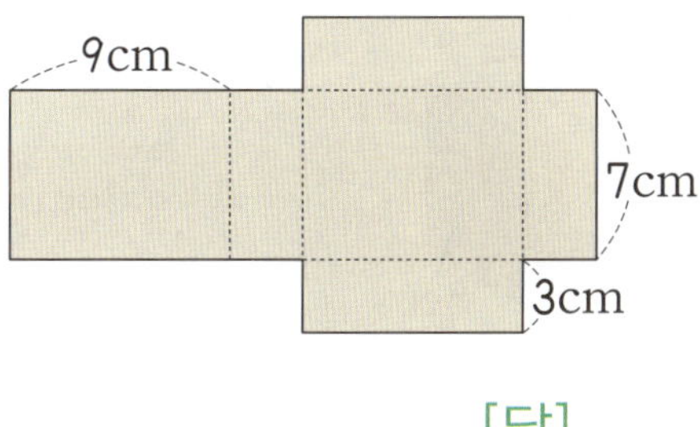

[답]

확인 학습

🐸 쌓기나무 한 개의 부피가 1cm³일 때, 사용된 쌓기나무의 개수와 부피를 각각 구하시오. [5~6]

5

[개수]

[부피]

6

[개수]

[부피]

🐸 직육면체의 부피를 구하시오. [7~8]

7

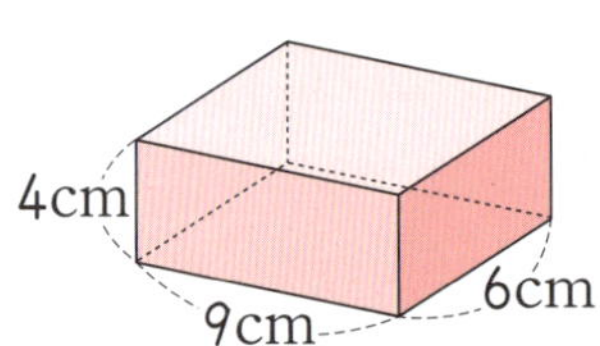

[답]

8

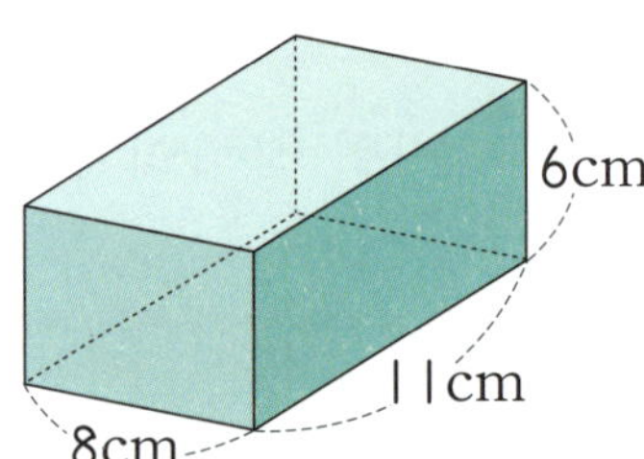

[답]

9 부피가 더 큰 직육면체는 어느 것입니까?

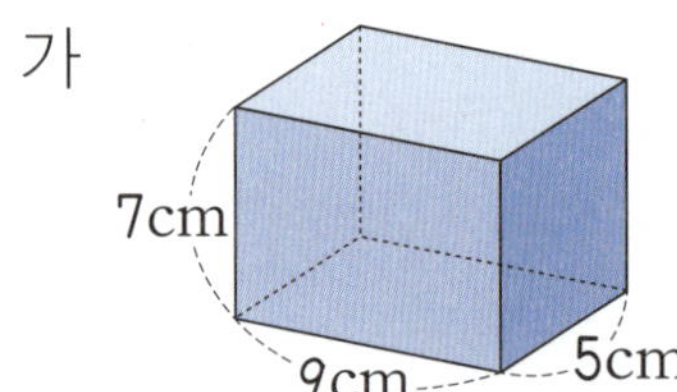

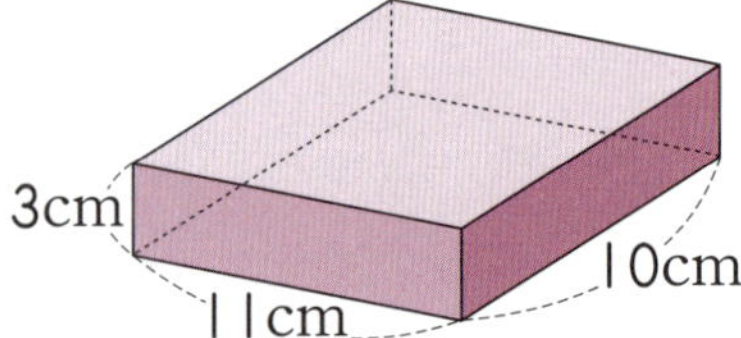

[답]

확인 학습

10 한 면의 넓이가 64cm²인 정육면체의 부피를 구하시오.

[답]

11 직육면체의 부피가 585cm³일 때, ☐ 안에 알맞은 수를 써넣으시오.

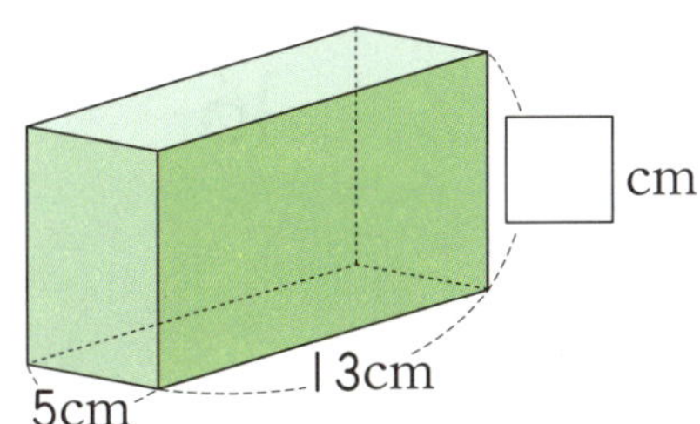

12 한 모서리의 길이가 1m인 정육면체에는 부피가 1cm³인 쌓기나무가 몇 개까지 들어갈 수 있습니까?

[답]

13 직육면체의 부피는 몇 m³입니까?

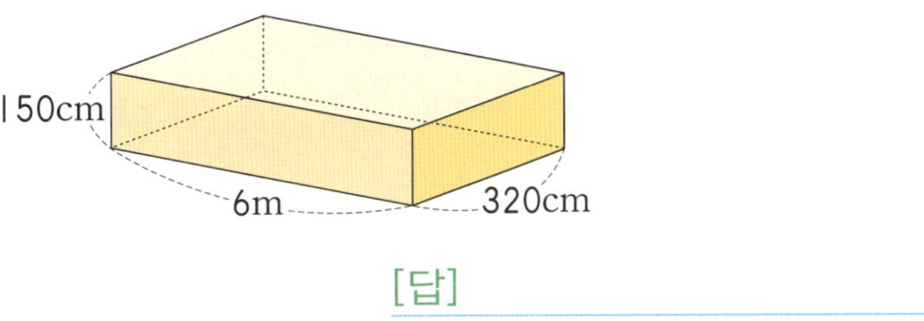

[답]

14 부피와 들이 사이의 관계를 바르게 나타낸 것은 어느 것입니까? (   )

    ① $40000cm^3 = 4L$　　② $2.5L = 250cm^3$　　③ $8cm^3 = 8000L$
    ④ $630cm^3 = 0.63mL$　⑤ $40mL = 40cm^3$

 그릇의 들이는 몇 L인지 구하시오. [15~16]

15

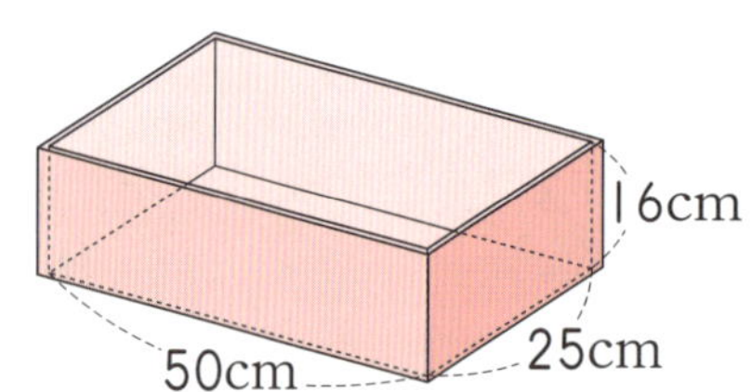

[답]

16

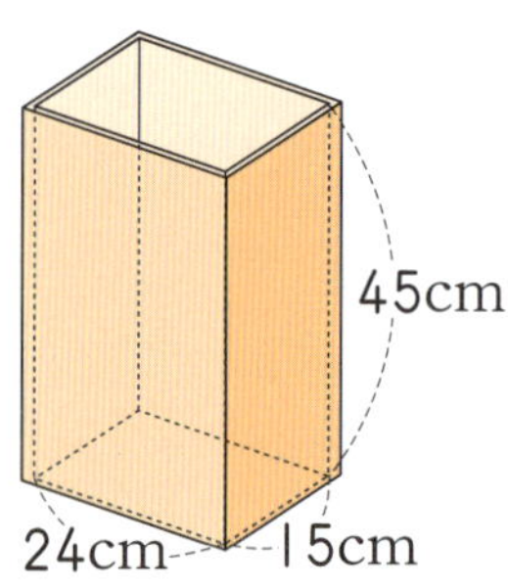

[답]

17 그림과 같이 물이 들어 있는 직육면체 모양의 그릇에 돌을 넣었더니 물의 높이가 4cm만큼 높아졌습니다. 돌의 부피는 몇 cm^3입니까?

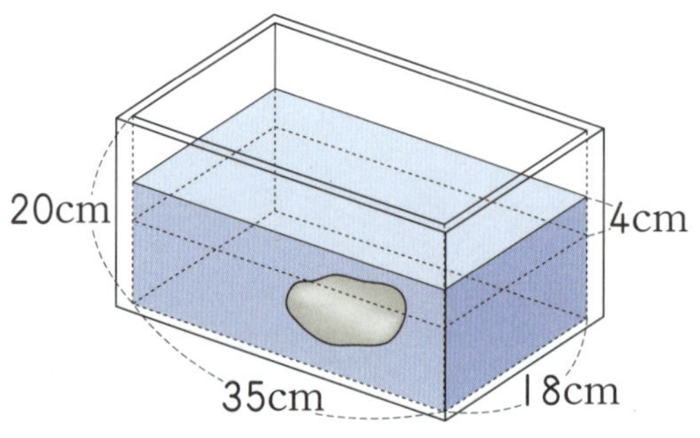

[답]

확인 학습

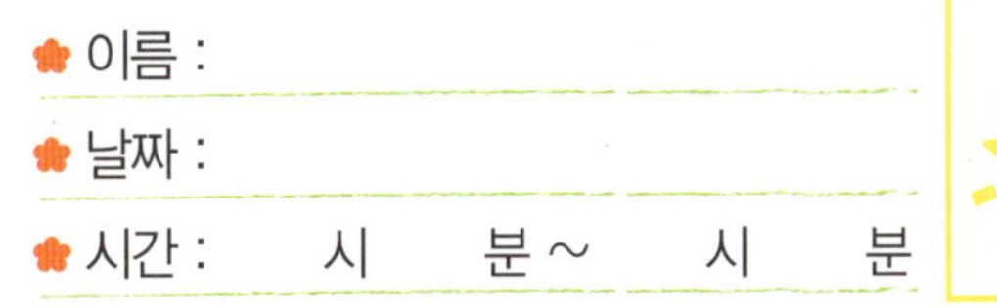

◆ 원기둥의 겉넓이와 부피 ◆

🐸 원기둥의 겉넓이를 구하시오. [1~2]

1

[답]

2

[답]

3 밑면의 지름이 12cm이고, 높이가 15cm인 원기둥의 겉넓이를 구하시오.

[답]

4 원기둥의 전개도를 보고 원기둥의 겉넓이를 구하시오.

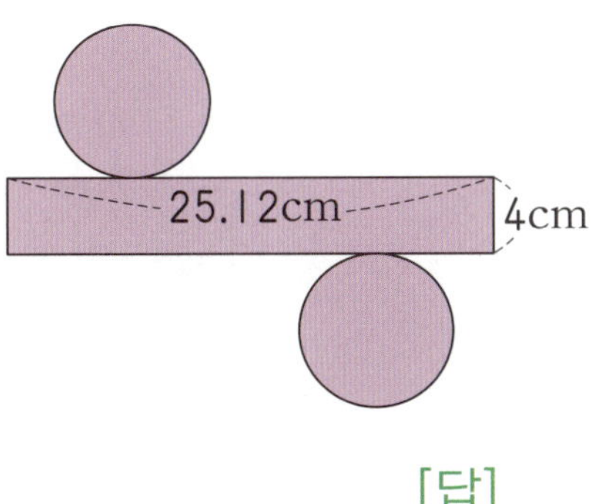

[답]

확인 학습

5 원기둥의 한 밑면의 넓이가 78.5cm^{2}일 때, 원기둥의 겉넓이를 구하시오.

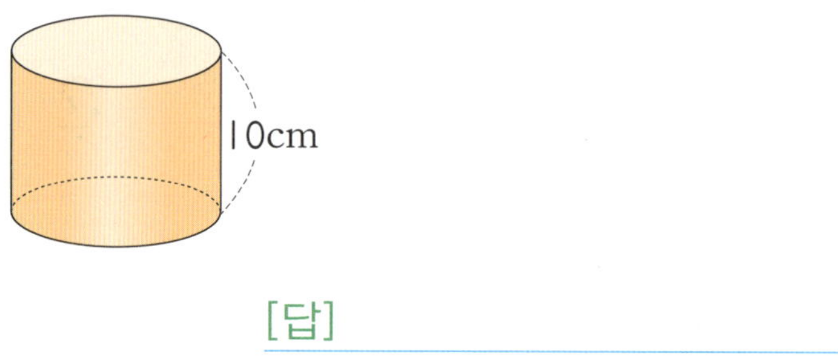

[답]

6 원기둥의 겉넓이가 376.8cm^{2}일 때, □ 안에 알맞은 수를 써넣으시오.

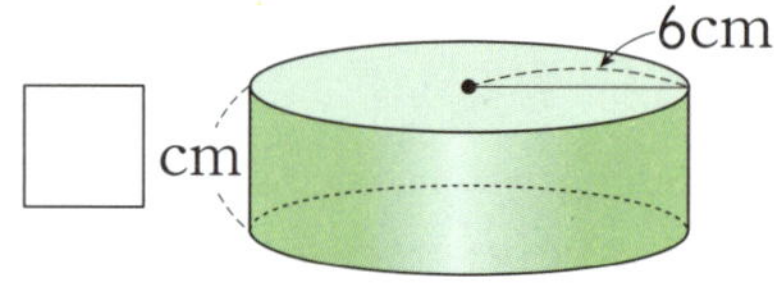

7 직사각형을 회전축을 중심으로 하여 한 번 돌려 얻은 회전체의 겉넓이를 구하시오.

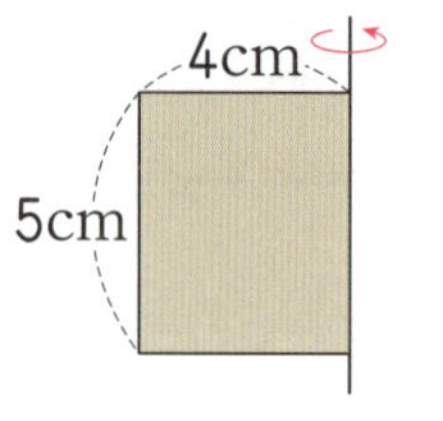

[답]

 확인 학습

확인 학습

8 원기둥을 그림과 같이 한없이 잘게 잘라 붙여서 직육면체를 만들었습니다. ☐ 안에 알맞은 수를 써넣으시오.

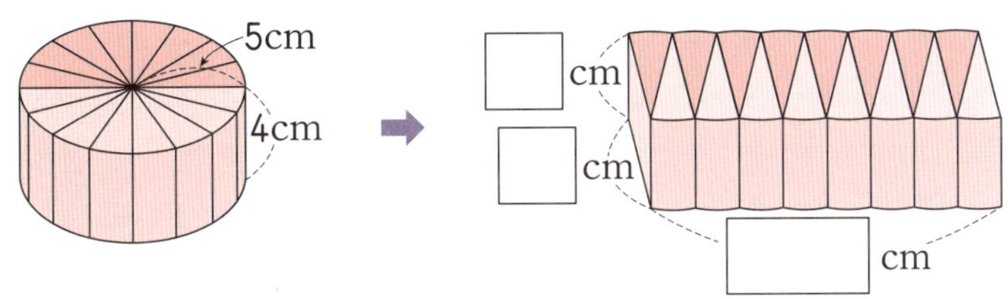

원기둥의 부피를 구하시오. [9~10]

9
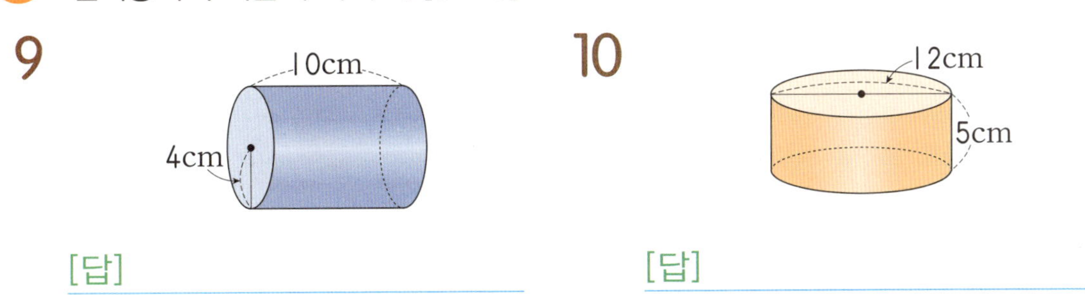

[답]

10

[답]

11 원기둥의 한 밑면의 넓이가 다음과 같을 때, 원기둥의 부피를 구하시오.

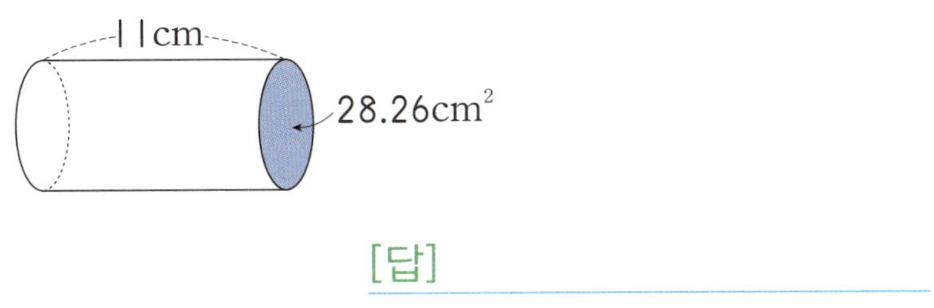

[답]

12 원기둥의 부피가 $1004.8cm^2$일 때, 원기둥의 높이를 구하시오.

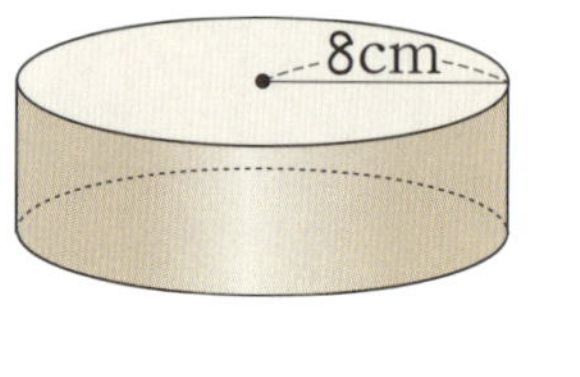

[답]

13 나 그릇은 가 그릇의 반지름과 높이를 각각 **3**배로 늘여서 만든 것입니다. 나 그릇의 부피는 가 그릇의 부피의 몇 배입니까?

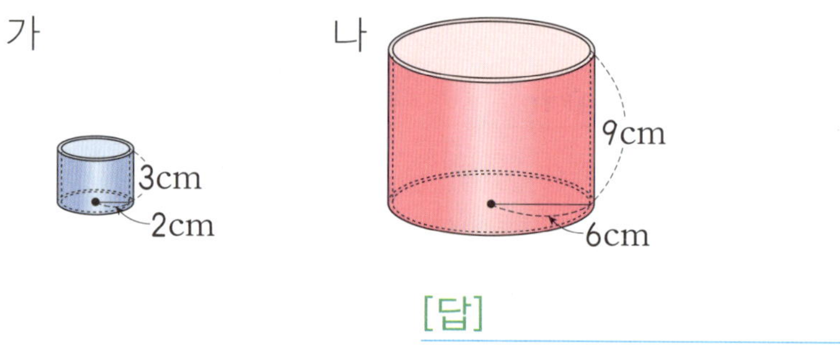

[답]

14 입체도형의 부피를 구하시오.

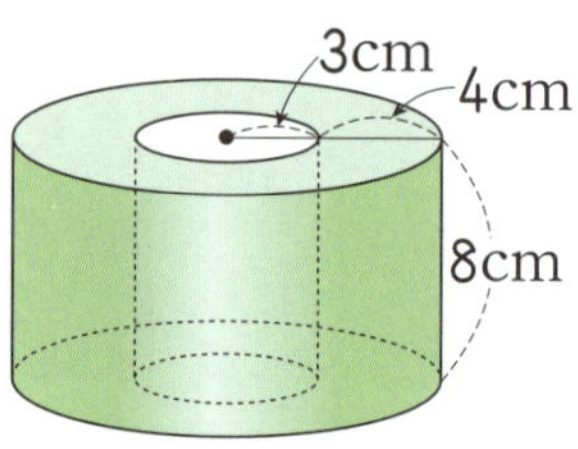

[답]

확인 학습

J-353a

◆ 경우의 수와 확률 ◆

1 주사위 한 개를 던질 때, 홀수가 나오는 경우의 수는 얼마입니까?

[답]

2 4 , 6 , 8 숫자 카드 3장을 한 장씩 늘어놓아 세 자리 수를 만들려고 합니다. 세 자리 수를 만들 수 있는 경우의 수는 얼마입니까?

[답]

3 희원이가 월요일부터 금요일까지 중 2일을 정하여 태권도를 배우려고 합니다. 희원이가 태권도를 배우는 요일을 선택하는 경우의 수는 얼마입니까?

[답]

4 학교에서 도서관까지 갈 수 있는 경우의 수는 얼마입니까?

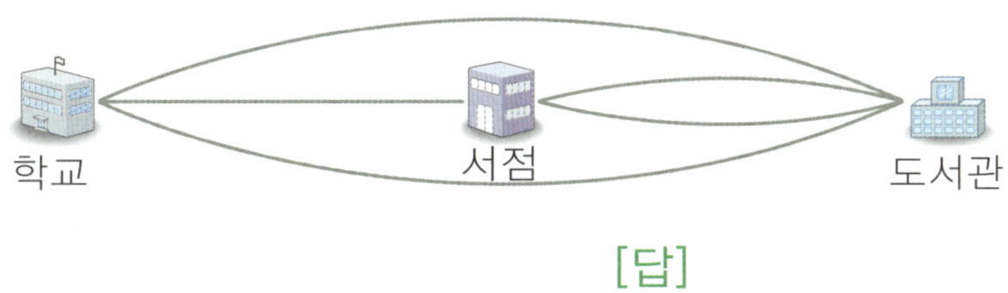

[답]

확인 학습

5 주머니 안에 1부터 9까지 쓰여 있는 공이 한 개씩 들어 있습니다. 공 한 개를 꺼낼 때, 짝수의 공이 나올 확률을 구하시오.

[답]

6 100원짜리 동전 1개와 500원짜리 동전 1개를 동시에 던질 때, 서로 다른 면이 나올 확률을 구하시오.

[답]

7 서로 다른 주사위 2개를 던질 때, 두 눈의 합이 5가 될 확률을 구하시오.

[답]

8 다음 4장의 숫자 카드 중에서 2장을 뽑아 두 자리 수를 만들 때, 45보다 큰 수가 만들어질 확률을 구하시오.

[답]

◆ 방정식 ◆

1 그림을 보고 x를 사용한 식으로 써 보시오.

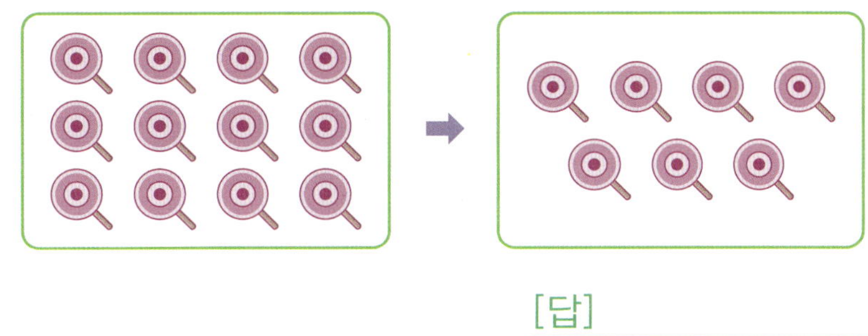

[답]

2 수직선을 보고 등식으로 나타내시오.

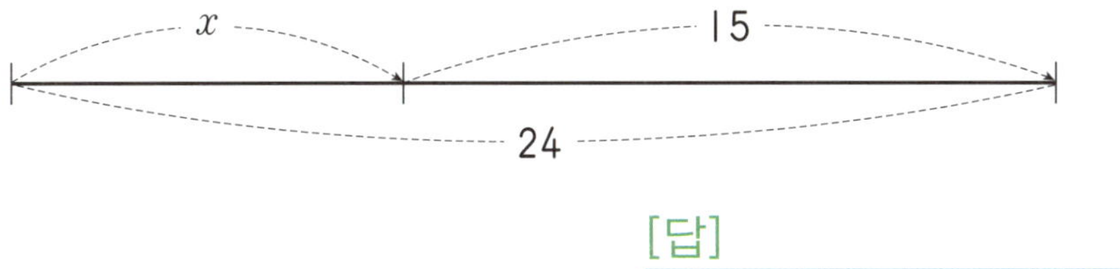

[답]

다음을 등식으로 나타내시오. [3~4]

3 어떤 수 x의 3배에 5를 더하면 26과 같습니다.

[답]

4 어떤 수 x에서 9의 4배를 뺀 수는 6과 같습니다.

[답]

5 다음 식 중에서 등식을 모두 고르시오. ( )

① $x \times 3$ ② $9 - 4 = 5$ ③ $x \div 4 + 2$

④ $x < 7$ ⑤ $x + 6 \times 2 = 13$

6 다음 중 x 대신에 4를 넣어 참이 되는 것은 어느 것입니까? ( )

① $x + 5 = 7$ ② $10 - x = 9$ ③ $x \div 3 = 2$

④ $6 - x \div 2 = 4$ ⑤ $x \times 3 + 7 = 16$

7 x 대신에 1, 2, 3, 4를 넣어서 다음 방정식을 참이 되게 하는 x의 값을 구하시오.

$$5 \times x - 4 = 11$$

[답] ______________________

8 방정식 $x + 3 = 12$를 계산하는 데 이용하는 등식의 성질을 찾아 기호를 쓰시오.

㉠ ■＝●이면 ■＋▲＝●＋▲ ㉡ ■＝●이면 ■－▲＝●－▲

㉢ ■＝●이면 ■×▲＝●×▲ ㉣ ■＝●이면 ■÷▲＝●÷▲

[답] ______________________

확인 학습

9 x의 값을 구하기 위하여 ☐ 안에 알맞은 수를 써넣으시오.

$$x \div 6 = 7 \text{이면} \ (x \div 6) \times \boxed{} = 7 \times \boxed{} \ \Rightarrow \ x = \boxed{}$$

10 다음은 등식의 성질을 이용하여 방정식을 푸는 과정입니다. ☐ 안에 알맞은 수를 써넣으시오.

$$x \times 4 - 5 = 19$$
$$(x \times 4 - 5) + \boxed{} = 19 + \boxed{}$$
$$x \times 4 = \boxed{}$$
$$(x \times 4) \div \boxed{} = \boxed{} \div \boxed{}$$
$$x = \boxed{}$$

등식의 성질을 이용하여 다음 방정식을 풀어 보시오. [11~14]

11 $3 \times x + 5 = 14$

12 $x \div 2 - 7 = 2$

13 $x \times 4 - 8 = 12$

14 $x \div 6 + 3 = 9$

15 용택이는 500원짜리 연필 7자루와 900원짜리 공책 몇 권을 사고 6200원을 지불하였습니다. 용택이가 산 공책은 몇 권인지 x를 사용하여 식으로 나타내고 답을 구하시오.

[식]　　　　　　　　　　　　　　　　[답]

16 지은이가 수학 시험에서 6점짜리 문제 몇 개와 5점짜리 문제 8개를 맞혀서 82점을 받았습니다. 지은이가 맞힌 6점짜리 문제는 몇 개인지 x를 사용하여 식으로 나타내고 답을 구하시오.

[식]　　　　　　　　　　　　　　　　[답]

17 소 몇 마리와 닭 8마리의 다리의 수를 세어 보았더니 모두 32개였습니다. 소는 몇 마리입니까?

[답]

18 가로와 세로가 각각 10cm, 7cm인 직사각형이 있습니다. 이 직사각형의 가로는 2cm 줄이고, 세로는 몇 cm 늘였더니 넓이가 처음 직사각형보다 26cm^2 더 늘어났습니다. 세로를 몇 cm 늘였습니까?

[답]

 확인 학습

✿ 이름 :

✿ 날짜 :

✿ 시간 :　　시　　분 ~ 　　시　　분

확인

◆ **정비례와 반비례** ◆

1 대응되는 두 수 사이의 규칙을 찾아 다음 표를 완성하고, □ 안에 알맞은 수를 써넣으시오.

내 나이(x살)	10	11	12	……	30
형 나이(y살)	12			……	

$$y = x + \square$$

2 y는 x에 정비례할 때, 다음 표를 완성하고, x와 y의 대응 관계를 식으로 나타내시오.

x	1	2	3	4	5	……
y	5	10				……

[답]

3 y는 x에 반비례할 때, 다음 표를 완성하고, x와 y의 대응 관계를 식으로 나타내시오.

x	1	2	3	4	……	48
y	48				……	

[답]

확인 학습

4 다음 중 x와 y의 대응 관계가 반비례인 것을 찾아 기호를 쓰시오.

> ㉠ 한 변이 $x$cm인 정삼각형의 둘레 $y$cm
> ㉡ 한 개에 500원인 사과 x개의 사과의 가격 y원
> ㉢ 부피가 56cm^{3}인 원기둥의 한 밑면의 넓이 $x$cm^{2}와 높이 $y$cm

[답] ________________

5 어느 미술관의 학생 입장료는 800원입니다. 학생 x명의 입장료를 y원이라 할 때, 물음에 답하시오.

(1) x와 y의 대응 관계를 식으로 나타내시오.

[식] ________________

(2) 학생 35명이 입장할 때 지불해야 하는 요금은 얼마입니까?

[답] ________________

6 1분에 10L씩 물을 넣으면 가득 채우는 데 60분이 걸리는 물탱크가 있습니다. 1분에 넣는 물의 양을 xL, 물탱크를 가득 채우는 데 걸리는 시간을 y시간이라 할 때, 물음에 답하시오.

(1) x와 y의 대응 관계를 식으로 나타내시오.

[식] ________________

(2) 이 물탱크에 물을 1분에 15L씩 넣으면 가득 채우는 데 몇 분이 걸립니까?

[답] ________________

 확인 학습

✿ 이름 :

✿ 날짜 :

✿ 시간 :　　시　　분～　　시　　분

◆ 문제 해결 방법 찾기 ◆

1 종수네 밭에 전체의 $\frac{2}{3}$ 는 배추를 심고, 나머지의 $\frac{3}{4}$ 은 고추를 심었더니 아무 것도 심지 않은 밭의 넓이가 $8m^2$이었습니다. 전체 밭의 넓이는 몇 m^2인지 그림을 그려서 문제를 해결하시오.

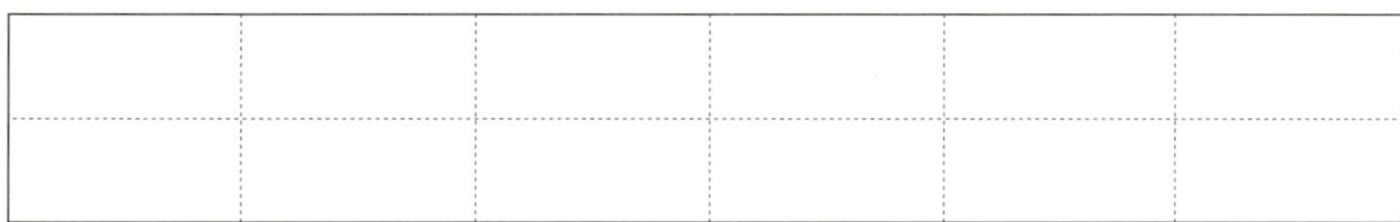

[답]

2 은주는 가지고 있던 색종이의 $\frac{1}{2}$ 을 사용하고, 남은 색종이의 $\frac{2}{3}$ 를 동생에게 주었더니 6장이 남았습니다. 처음에 은주가 가지고 있던 색종이는 몇 장인지 거꾸로 생각하여 문제를 해결하시오.

[답]

3 민희는 가지고 있던 돈의 $\frac{1}{4}$ 로 선물을 사고, 남은 돈으로 9000원짜리 동화 책 한 권과 800원짜리 공책 5권을 샀더니 11000원이 남았습니다. 처음에 민희가 가지고 있던 돈은 얼마인지 식을 세워 문제를 해결하시오.

[답]

확인 학습 

4 정현이는 한 개에 350원 하는 귤과 600원 하는 사과를 합하여 15개를 사고, 7000원을 냈습니다. 정현이가 산 귤과 사과는 각각 몇 개인지 표를 작성하거나 예상과 확인을 통하여 문제를 해결하시오.

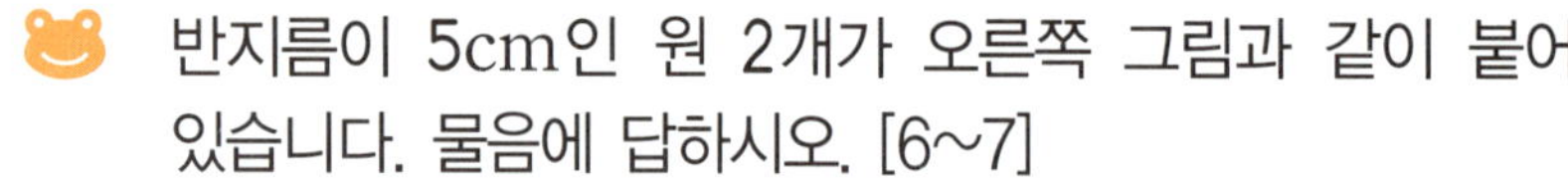

[귤] ________________   [사과] ________________

5 성호네 모둠 6명의 학생이 서로 한 번씩 악수를 하려고 합니다. 악수는 모두 몇 번 해야 합니까?

[답] ________________

🐸 반지름이 5cm인 원 2개가 오른쪽 그림과 같이 붙어 있습니다. 물음에 답하시오. [6~7]

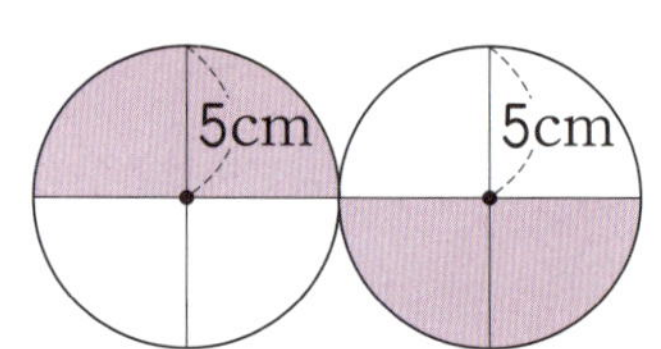

6 색칠한 부분의 넓이를 구하시오.

[답] ________________

7 위의 문제에서 조건을 바꾸어 원에 관한 새로운 문제를 만들고 풀어 보시오.

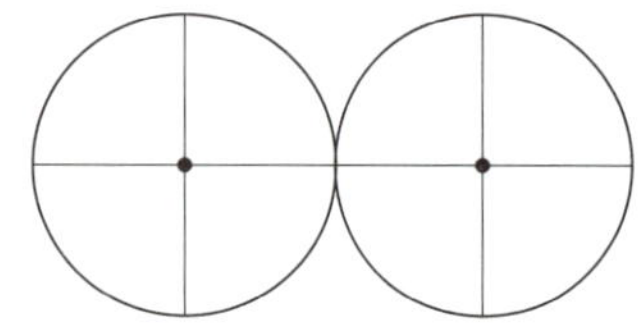

____

____

[답] ________________

✿이름 :

✿날짜 :

✿시간 :　　　시　　분 ~ 　시　　분

 **창의력 학습**

현석이가 다음과 같은 과녁에 화살 3발을 쏘아 모두 명중하였습니다. 노란색 10점, 빨간색 8점, 파란색 5점일 때, 현석이의 점수가 될 수 있는 모든 경우의 수는 얼마입니까?

[답]

세 사람이 함께 여행을 가서 여관에서 지내게 되었습니다. 세 사람은 피곤하여 잠이 들었는데 주인이 옥수수를 삶아 와서 놓고 나갔습니다. 첫 번째 사람이 깨어 보니 옥수수가 있어서 옥수수의 $\frac{1}{3}$을 먹고 잤습니다. 두 번째 사람이 깨어 보니 옥수수가 있어서 남은 옥수수의 $\frac{1}{3}$을 먹고 잤습니다. 세 번째 사람도 깨어 보니 옥수수가 있어서 남은 옥수수의 $\frac{1}{3}$을 먹고 잤습니다. 아침에 일어나 보니 옥수수가 8개 남아 있었습니다. 세 사람이 먹은 옥수수는 각각 몇 개입니까?

첫 번째 사람 ________________

두 번째 사람 ________________

세 번째 사람 ________________

✚ 경시대회 예상문제

1 빈칸에 알맞은 수를 써넣으시오.

$$\xrightarrow{\div}$$

0.9	$\dfrac{3}{4}$	
$2\dfrac{3}{5}$		2.08

2 □ 안에 알맞은 소수를 써넣으시오.

$$\left(0.5 \div \frac{5}{8} - \frac{1}{4}\right) \times \frac{5}{22} + \boxed{} = 3.15$$

3 다음과 같은 원기둥 모양의 롤러에 페인트를 묻혀서 두 바퀴 굴렸을 때, 페인트가 묻은 면의 넓이는 몇 cm^2입니까?

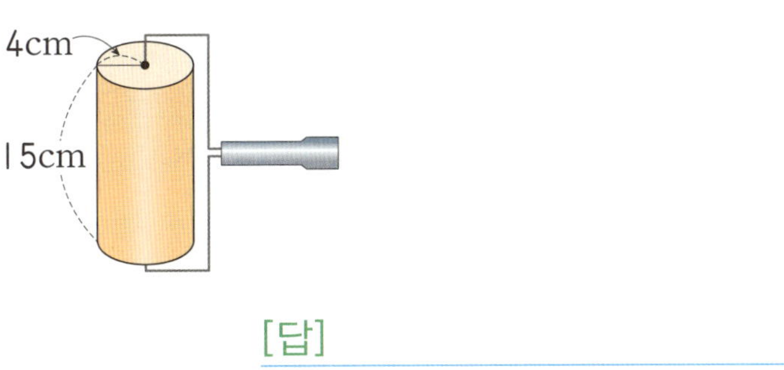

[답]

4 오른쪽 평면도형을 회전축을 중심으로 하여 한 번 돌려 얻는 회전체를 회전축을 품은 평면으로 잘랐을 때 생기는 단면의 넓이를 구하시오.

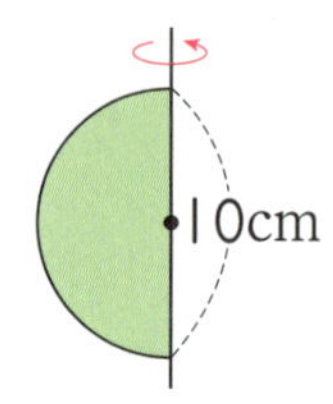

[답]

5 가 그릇에 물을 가득 담아서 나 그릇으로 물을 가득 채워 **5**번 덜어냈습니다. 가 그릇에 남은 물의 높이는 몇 cm입니까?

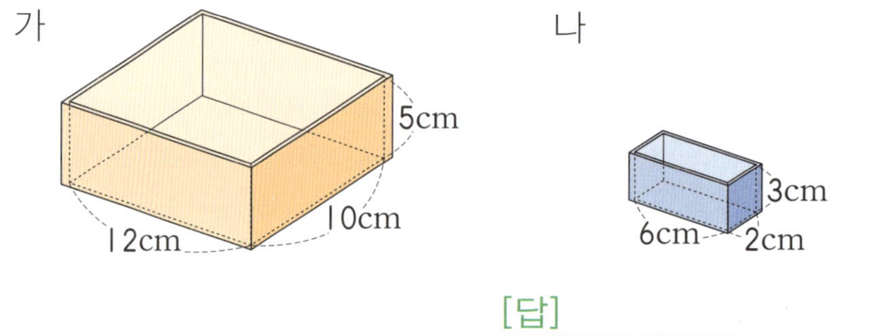

[답]

6 입체도형의 겉넓이와 부피를 구하시오.

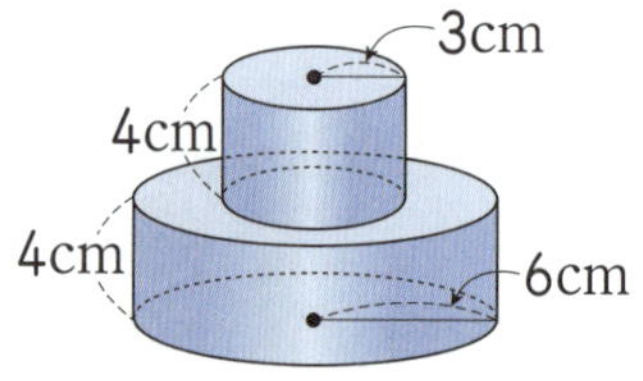

[겉넓이]

[부피]

경시대회 예상문제

7 1에서 40까지의 수가 쓰여 있는 40장의 카드 중에서 한 장을 뽑았을 때, 36 과 48의 공약수가 나오는 경우의 수는 얼마입니까?

[답]

8 가 지점에서 다 지점까지 가장 가까운 길로 갈 때, 나 지점을 거쳐서 갈 확률 을 구하시오.

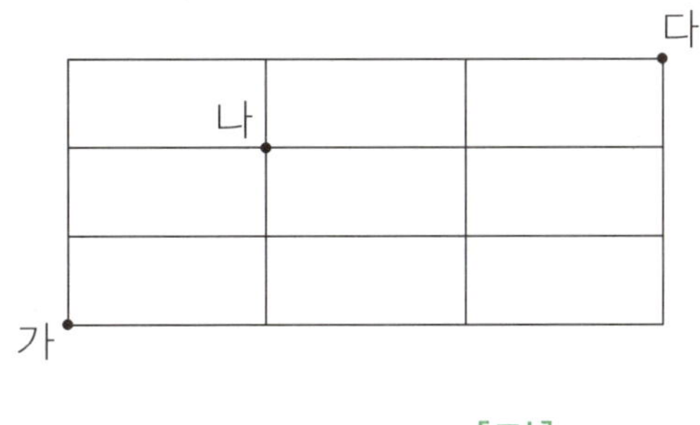

[답]

9 등식의 성질을 이용하여 다음 방정식을 풀어 보시오.

$$\frac{x}{5} + 0.7 = 1\frac{1}{2}$$

[답]

10 할아버지의 연세는 66세이고, 현교의 나이는 10살입니다. 몇 년 후에 할아 버지의 연세는 현교의 나이의 5배가 되겠습니까?

[답]

11 y는 x에 반비례하고, $x=5$일 때, $y=10$이라고 합니다. x와 y의 대응 관계를 식으로 나타내시오.

[답]

12 굵기가 일정한 철근 5m의 무게를 재었더니 12kg이었습니다. 철근의 길이를 xm, 무게를 $y$kg이라고 할 때, x와 y의 대응 관계를 식으로 나타내어 철근 8m의 무게는 몇 kg인지 풀이 과정을 쓰고 답을 구하시오.

[답]

13 성희네 모둠 학생들이 같은 간격으로 원 모양을 만들어 앉았습니다. 첫 번째 학생과 여덟 번째 학생이 서로 마주 보고 있다면 성희네 모둠 학생은 모두 몇 명인지 풀이 과정을 쓰고 답을 구하시오.

[답]

1 빈칸에 알맞은 소수를 써넣으시오.

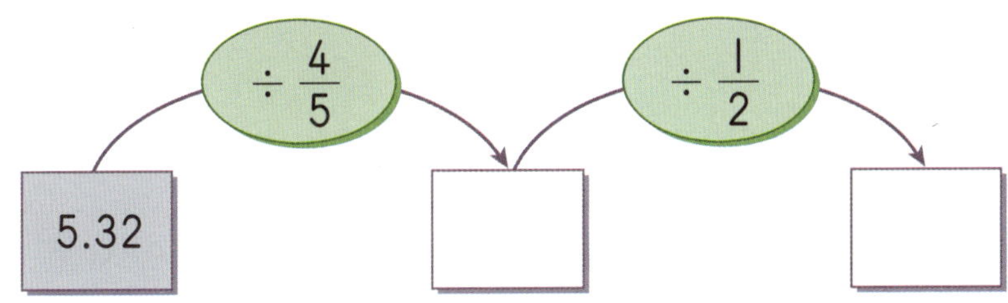

2 다음 직사각형의 넓이가 $42\frac{1}{4}\,cm^2$일 때, 가로는 몇 cm입니까?

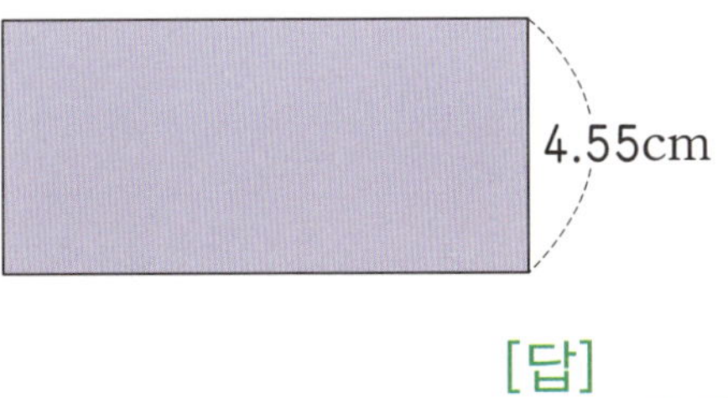

[답]

3 다음을 계산하시오.

$$12.4 \div \left(\frac{3}{5} + 4.2\right) \times 1\frac{1}{5} - 2\frac{3}{4}$$

4 원기둥과 각기둥의 같은 점을 모두 찾아 기호를 쓰시오.

> ㉠ 밑면의 개수가 **2**개입니다.
> ㉡ 밑면의 모양이 원입니다.
> ㉢ 옆면의 모양이 직사각형입니다.
> ㉣ 밑면은 서로 합동입니다.

[답]

5 다음 회전체는 어떤 평면도형을 한 번 돌려 얻은 것인지 돌리기 전의 평면도형을 그려 보시오.

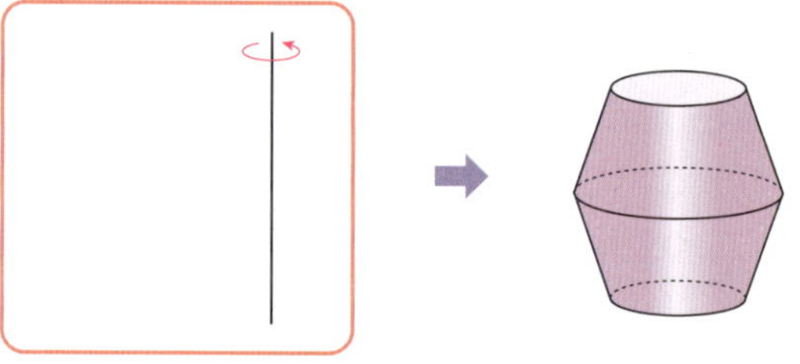

6 직육면체의 겉넓이를 구하시오.

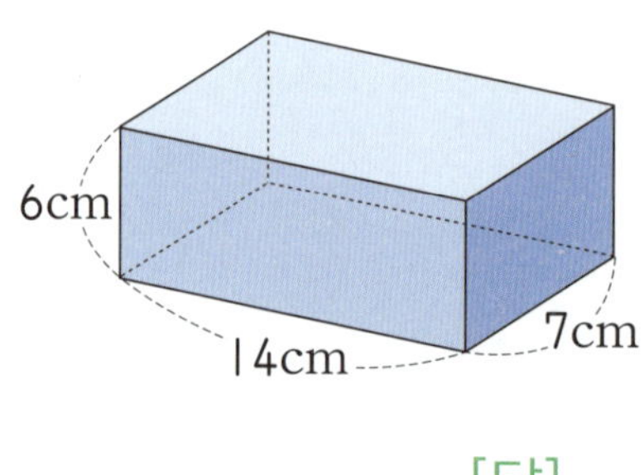

[답]

7 안치수가 다음과 같은 직육면체 모양의 그릇의 들이는 몇 L입니까?

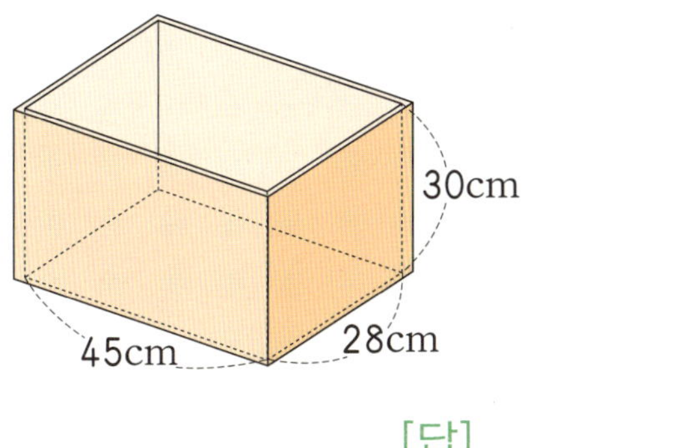

[답]

8 입체도형의 부피를 구하시오.

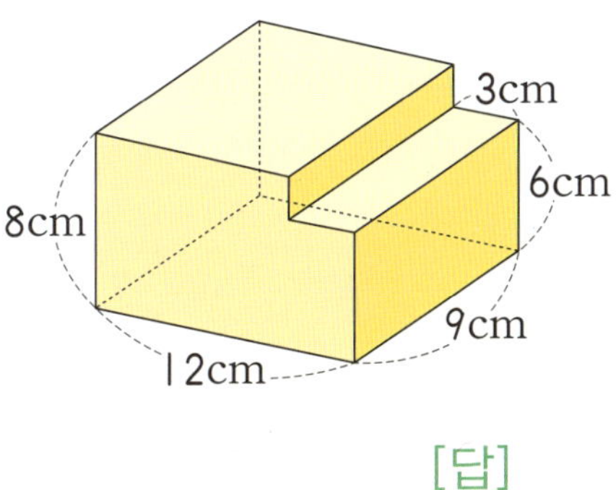

[답]

9 다음 전개도로 만들 수 있는 원기둥의 겉넓이를 구하시오.

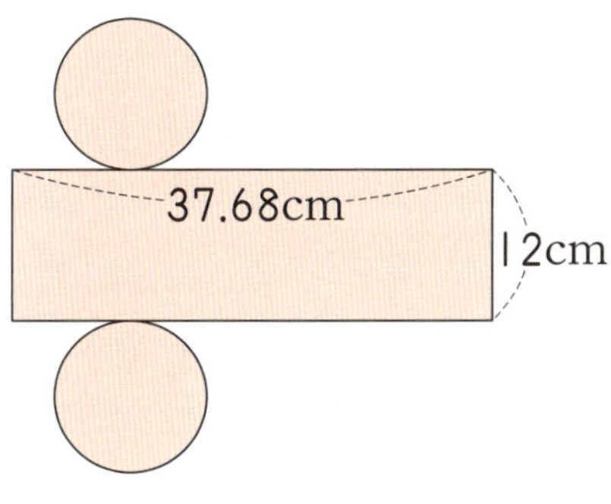

[답]

10 두 원기둥의 부피는 같습니다. 오른쪽 원기둥의 높이는 몇 cm입니까?

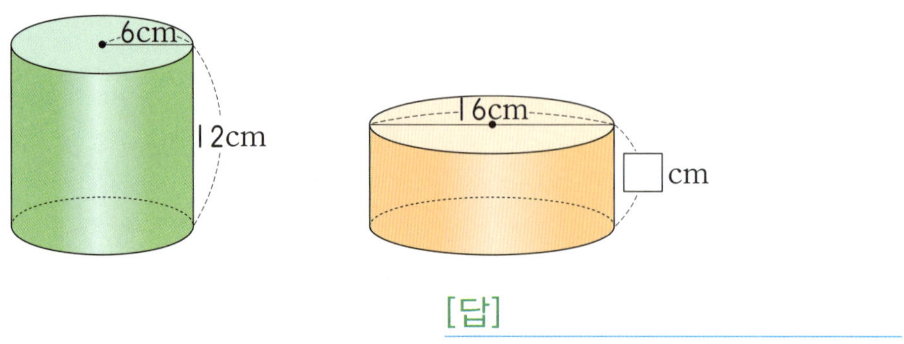

[답]

---

11 동전 1개와 주사위 1개를 동시에 던질 때 동전은 그림면, 주사위는 6의 약수의 눈이 나오는 경우의 수는 얼마입니까?

[답]

---

12 선우, 하경, 민재, 우진 4명이 한 줄로 서서 사진을 찍으려고 합니다. 사진을 찍을 수 있는 경우의 수는 얼마입니까?

[답]

---

13 제비 120장 중에서 1등이 1장, 2등이 4장, 3등이 10장 들어 있습니다. 한 개의 제비를 뽑았을 때 당첨될 확률은 몇 %입니까?

[답]

14 다음에서 (1), (2)에 사용된 등식의 성질을 써 보시오.

$$15 + x \div 3 = 24 \ \rightarrow \ \underset{(1)}{x \div 3 = 9} \ \rightarrow \ \underset{(2)}{x = 27}$$

(1) ____

(2) ____

15 등식의 성질을 이용하여 다음 방정식을 풀어 보시오.

$$\frac{4}{5} \times x - 3 = 5$$

16 은주는 4500원짜리 필통 한 개와 900원짜리 볼펜 몇 자루를 사고 7200원을 지불하였습니다. 은주가 산 볼펜은 몇 자루입니까?

[답] ____

17 y는 x에 반비례할 때, 빈칸에 알맞은 수를 써넣고 x와 y의 대응 관계를 식으로 나타내시오.

x	1	2	3	4	6	12
y	12	6	4			

[식] ____

18 다음 중 y는 x에 정비례하는 것을 모두 찾아 기호를 쓰시오.

$$\bigcirc\ x+y=5 \qquad \bigcirc\ y=x$$
$$\bigcirc\ y=\frac{4}{x} \qquad \bigcirc\ y=\frac{x}{4}$$

[답]

지원이는 가지고 있던 구슬 중 민주에게 8개를 주고, 누나에게 12개를 받았습니다. 남은 구슬의 $\frac{1}{3}$을 동생에게 주고 나니 10개가 남았습니다. 지원이가 처음에 가지고 있던 구슬의 수를 알아보려고 합니다. 물음에 답하시오. [19~20]

19 거꾸로 생각하여 문제를 해결하려고 합니다. 빈 곳에 알맞게 써넣고 답을 구하시오.

(처음 구슬의 수) ➡ (   ) ➡ (   )

➡ (남은 구슬의 $\frac{1}{3}$을 동생에게 줌) ➡ (   )

[답]

20 x를 사용한 식을 만들어 문제를 해결하려고 합니다. 알맞은 식을 쓰고 답을 구하시오.

[식]   [답]

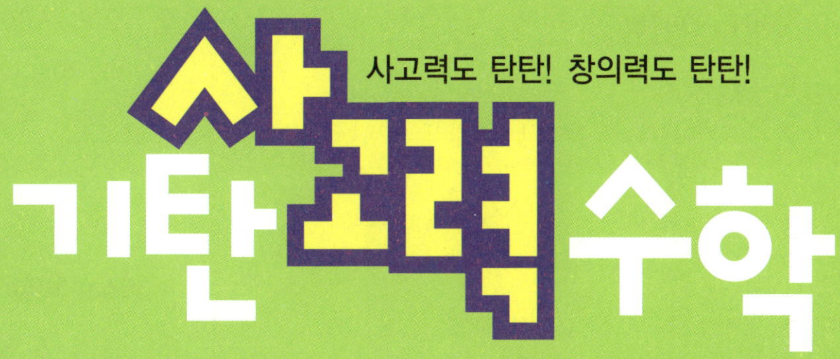

사고력도 탄탄! 창의력도 탄탄!
사 기탄 고력 수학
해답

J301a~J360b

해답은 따로 보관하고 있다가
채점할 때 사용해 주세요.

301a~301b

1 3, 4, 2, 5

2 (위에서부터) 빨간색, 파란색, 노란색
/ 치마, 치마, 바지, 바지, 바지

3 (위에서부터) 숫자, 숫자, 숫자, 숫자, 숫자
/ 1, 2, 3, 4, 5, 6

4 (1) 3점 (2) 6점 (3) $y=3\times x$

5 (1) 6, 12, 18, 24, 30, 36, 42
(2) ⓔ 사진의 장수는 앨범의 쪽수의 6배가
됩니다.
(3) $y=6\times x$

302a~302b

1 17, 42 / 2

풀이 언니 나이 y는 내 나이 x보다 2가
큽니다.

2 12, 16, 20 / 4

풀이 택시의 수 x가 1씩 늘어나면 바퀴의
수 y는 4씩 늘어납니다.

3 (위에서부터) 5 / 15, 20 / 5

풀이 오각형의 수 x가 1씩 늘어나면 변의
수 y는 5씩 늘어납니다.

4 $y=4\times x$

풀이 자전거의 대수 x가 1씩 늘어나면 바
퀴의 수 y는 4씩 늘어납니다.

5 $y=2\times x$

풀이 책상의 개수 x가 1씩 늘어나면 의자
의 개수 y는 2씩 늘어납니다.

6 $y=6\times x$

풀이 청룡 열차의 칸수 x가 1씩 늘어나면
탈 수 있는 사람 수 y는 6씩 늘어납니다.

303a~303b

1 (1) 4, 8, 12, 16
(2) y도 2배, 3배, 4배로 변합니다.
(3) 정비례합니다.   (4) 4

2 200, 400, 600, 800, 1000

3 (1) 20g (2) 30g (3) 40g
(4) y도 2배, 3배, 4배로 변합니다.
(5) 10

304a~304b

1 (1) 4, 6, 8, 10
(2) 정비례합니다.
(3) $y=2\times x$

2 $y=3\times x$

풀이 $9=3\times 3$, $12=3\times 4$, $15=3\times 5$,
$18=3\times 6$, $21=3\times 7$이므로 x와 y의 대
응 관계를 식으로 나타내면 $y=3\times x$입니
다.

3 $y=5\times x$

풀이 $30=5\times 6$, $35=5\times 7$, $40=5\times 8$,
$45=5\times 9$, $50=5\times 10$이므로 x와 y의
대응 관계를 식으로 나타내면 $y=5\times x$입
니다.

4 ㉠, ㉢

풀이 ㉠ (정사각형의 둘레)
=(한 변의 길이)×4이므로 한 변의 길
이를 $x$cm, 둘레를 $y$cm라고 하면
$y=4\times x$로 정비례 관계입니다.
㉡ 나이에 따라 키가 변하는 것이 아니므
로 정비례 관계가 아닙니다.
㉢ (원주)=(원의 지름)×3.14이므로 원주
를 $y$cm, 원의 지름을 $x$cm라고 하면
$y=3.14\times x$로 정비례 관계입니다.
㉣ 두 수를 x, y라고 하면 $x\times y=30$으로
정비례 관계가 아닙니다.

5 $y=15\times x$

풀이 상자의 수를 x개, 사과의 수를 y개
라고 할 때 대응표로 나타내면

상자의 수 x(개)	1	2	3	4
사과의 수 y(개)	15	30	45	60

x와 y의 대응 관계를 식으로 나타내면
$y=15\times x$입니다.

6 $y=70\times x$

풀이 달리는 시간을 x시간, 달리는 거리를 $y$km라고 할 때 대응표로 나타내면

달리는 시간 x(시간)	1	2	3	4
달리는 거리 y(km)	70	140	210	280

x와 y의 대응 관계를 식으로 나타내면 $y=70\times x$입니다.

1   (1) 30, 45, 60, 75 / $y=15\times x$
(2) 120명

풀이 (2) $y=15\times x$에서 $x=8$이면 $y=15\times 8=120$입니다.
따라서 승합차가 8대이면 탈 수 있는 사람 수는 120명입니다.

2   (1) 650, 1300, 1950, 2600, 3250
/ $y=650\times x$
(2) 14권

풀이 (2) $y=650\times x$에서 $y=9100$이면 $9100=650\times x$, $x=9100\div 650=14$입니다. 따라서 9100원으로는 공책을 14권 살 수 있습니다.

3   (1) 34km   (2) 51km
(3) $y=17\times x$ (4) $500=17\times x$
(5) $x=29\dfrac{7}{17}$ (6) $29\dfrac{7}{17}$ L

1   (1) $y=300\times x$ (2) 3300원

풀이 (2) $y=300\times x$에서 $x=11$이면 $y=300\times 11=3300$입니다.
따라서 초등학생 11명이 마을버스를 탈 때 요금은 3300원입니다.

2   (1) $y=80\times x$ (2) 13가마니

풀이 (2) $y=80\times x$에서 $y=1040$이면 $1040=80\times x$, $x=1040\div 80=13$입니다.

따라서 쌀의 무게가 1040kg일 때 쌀은 모두 13가마니가 됩니다.

3   (1) $y=1.5\times x$ (2) 75km

풀이 (2) $y=1.5\times x$에서 $x=50$이면 $y=1.5\times 50=75$입니다.
따라서 이 오토바이가 50분을 달렸다면 달린 거리는 75km입니다.

4   (1) $y=1400\times x$ (2) 8kg

풀이 (2) $y=1400\times x$에서 $y=11200$이면 $11200=1400\times x$,
$x=11200\div 1400=8$입니다.
따라서 신선 마트에서 밀가루를 11200원 어치 샀다면 밀가루 8kg을 샀습니다.

1 $y=25\times x$, 32m

풀이 $y=25\times x$에서 $y=800$이면 $800=25\times x$, $x=800\div 25=32$입니다. 따라서 무게가 800g인 철사의 길이는 32m입니다.

2 $y=4\times x$, 18cm

풀이 $y=4\times x$에서 $y=72$이면 $72=4\times x$, $x=72\div 4=18$입니다.
따라서 둘레가 72cm인 정사각형의 한 변의 길이는 18cm입니다.

3 $y=1900\times x$, 7600원

풀이 $y=1900\times x$에서 $x=4$이면 $y=1900\times 4=7600$입니다.
따라서 4시간 이용했다면 이용한 요금은 7600원입니다.

4   3000원

풀이 사용한 쿠폰의 수를 x장, 할인 받은 금액을 y원이라 할 때, x와 y의 대응 관계를 식으로 나타내면 $y=200\times x$입니다.
$x=15$이면 $y=200\times 15=3000$입니다.
따라서 사용한 쿠폰이 15장이라면 할인 받은 금액은 3000원입니다.

5 15시간

(풀이) 만든 시간을 x시간, 만든 빵의 수를 y개라 할 때, x와 y의 대응 관계를 식으로 나타내면 $y=30\times x$입니다.
$y=450$이면 $450=30\times x$,
$x=450\div30=15$입니다.
따라서 450개의 빵을 만들려면 15시간이 걸립니다.

6 25년

(풀이) 석탄을 사용하는 기간을 x년, 석탄 매장량을 y톤이라 할 때, x와 y의 대응 관계를 식으로 나타내면 $y=240$만$\times x$입니다.
$y=6000$만이면 6000만$=240$만$\times x$,
$x=6000$만$\div240$만$=25$입니다.
따라서 석탄은 25년 동안 사용할 수 있습니다.

308a~308b

1 (1) 18, 9, 6
(2) y는 $\dfrac{1}{2}$배, $\dfrac{1}{3}$배로 변합니다.
(3) 반비례합니다. (4) 18

2 12, 8, 6, 4, 3, 2, 1

3 (1) 18시간 (2) 12시간 (3) 9시간
(4) y는 $\dfrac{1}{2}$배, $\dfrac{1}{3}$배, $\dfrac{1}{4}$배로 변합니다.
(5) 36

309a~309b

1 (1) 16, 12, 8, 1 (2) 반비례합니다.
(3) $x\times y=48$

2 $x\times y=30$

(풀이) $1\times30=30$, $2\times15=30$,
$3\times10=30$, $5\times6=30$, $6\times5=30$이므로 x와 y의 대응 관계를 식으로 나타내면
$x\times y=30$입니다.

3 $x\times y=56$

(풀이) $1\times56=56$, $2\times28=56$,
$4\times14=56$, $7\times8=56$, $8\times7=56$이므로 x와 y의 대응 관계를 식으로 나타내면
$x\times y=56$입니다.

4 ㉠, ㉣

(풀이) ㉠ 평행사변형의 밑변을 $x$cm, 높이를 $y$cm라고 하면 $x\times y=25$이므로 반비례 관계입니다.
㉡ 자동차의 수를 x대, 자동차의 바퀴 수를 y개라고 하면 $y=4\times x$이므로 정비례 관계입니다.
㉢ 연필의 수를 x자루, 연필값을 y원이라고 하면 $y=400\times x$이므로 정비례 관계입니다.
㉣ 사람 수를 x명, 한 명이 가지는 초콜릿의 수를 y개라고 하면 $x\times y=30$이므로 반비례 관계입니다.

5 $x\times y=32$

(풀이) 접시 수를 x개, 한 접시에 담는 귤의 수를 y개라고 할 때, 대응표로 나타내면

접시 수 x(개)	1	2	4	8	16	32
귤의 수 y(개)	32	16	8	4	2	1

x와 y의 대응 관계를 식으로 나타내면 $x\times y=32$입니다.

6 $x\times y=54$

(풀이) 1분 동안 넣는 물의 양을 xL, 걸리는 시간을 y분이라고 할 때, 대응표로 나타내면

물의 양 x(L)	1	2	3	6	9	18	27	54
걸리는 시간 y(분)	54	27	18	9	6	3	2	1

x와 y의 대응 관계를 식으로 나타내면 $x\times y=54$입니다.

310a~310b

1 (1) 20, 15, 12, 10 / $x\times y=600$ (2) 6분

(풀이) (2) $x\times y=600$에서 $x=100$이면
$100\times y=600$, $y=600\div100=6$입니다.
따라서 1분 동안 가는 거리가 100m라면 걸리는 시간은 6분입니다.

2 (1) $\dfrac{1}{3}$, $\dfrac{1}{4}$, $\dfrac{1}{5}$, $\dfrac{1}{6}$, $\dfrac{1}{7}$ / $x \times y = 1$ (2) $\dfrac{1}{8}$ L

풀이 (2) $x \times y = 1$에서 $x = 8$이면
$8 \times y = 1$, $y = 1 \div 8 = \dfrac{1}{8}$입니다.
따라서 8명이 똑같게 나누어 먹는다면 한 사람이 먹을 수 있는 양은 $\dfrac{1}{8}$ L입니다.

3 (1) 8번 (2) 4번 (3) $x \times y = 40$
(4) $20 \times y = 40$ (5) $y = 2$ (6) 2번

311a~311b

1 (1) $x \times y = 28$ (2) 7개

풀이 (2) $x \times y = 28$에서 $x = 4$이면
$4 \times y = 28$, $y = 28 \div 4 = 7$입니다.
따라서 빵을 4명이 똑같게 나누어 먹는다면 한 사람은 7개를 먹을 수 있습니다.

2 (1) $x \times y = 72$ (2) 12cm

풀이 (2) $x \times y = 72$에서 $y = 6$이면
$x \times 6 = 72$, $x = 72 \div 6 = 12$입니다.
따라서 평행사변형의 높이가 6cm일 때 밑변은 12cm입니다.

3 (1) $x \times y = 300$ (2) 12시간

풀이 (2) $x \times y = 300$에서 $x = 25$이면
$25 \times y = 300$, $y = 300 \div 25 = 12$입니다.
따라서 1시간 동안에 소비되는 석유의 양이 25L일 때 쓸 수 있는 시간은 12시간입니다.

4 (1) $x \times y = 165$ (2) 11쪽

풀이 (2) $x \times y = 165$에서 $y = 15$이면
$x \times 15 = 165$, $x = 165 \div 15 = 11$입니다.
따라서 이 동화책을 15일 만에 모두 읽으려면 하루에 11쪽씩 읽어야 합니다.

312a~312b

1 $x \times y = 40$, 5봉지

풀이 $x \times y = 40$에서 $x = 8$이면
$8 \times y = 40$, $y = 40 \div 8 = 5$입니다.
따라서 한 봉지에 감자를 8kg씩 담는다면 모두 5봉지가 됩니다.

2 $x \times y = 3$, $\dfrac{1}{2}$ m 또는 0.5m

풀이 $x \times y = 3$에서 $x = 6$이면
$6 \times y = 3$, $y = 3 \div 6 = \dfrac{1}{2}$입니다.
따라서 이 나무 막대를 6도막으로 나눌 때 한 도막은 $\dfrac{1}{2}$ m입니다.

3 $x \times y = 20000$, 4000원

풀이 $x \times y = 20000$에서 $y = 5$이면
$x \times 5 = 20000$, $x = 20000 \div 5 = 4000$입니다. 따라서 5개월 동안 다 모으려면 매달 4000원씩 모아야 합니다.

4 10cm

풀이 넓이는 35cm²이고 삼각형의 밑변을 $x$cm, 높이를 $y$cm라고 할 때, x와 y의 대응 관계를 식으로 나타내면
$x \times y \div 2 = 35$, $x \times y = 70$입니다.
$x = 7$이면 $7 \times y = 70$, $y = 70 \div 7 = 10$입니다. 따라서 이 삼각형의 높이는 10cm입니다.

5 25분

풀이 수조의 들이는 $5 \times 80 = 400$(L)입니다. 1분에 넣는 물의 양을 xL, 걸리는 시간을 y분이라고 할 때, x와 y의 대응 관계를 식으로 나타내면 $x \times y = 400$입니다. $x = 16$이면 $16 \times y = 400$, $y = 400 \div 16 = 25$입니다.
따라서 수도로 1분에 16L씩 물을 넣는다고 할 때, 이 수조를 가득 채우는 데는 25분이 걸립니다.

6 6시간

풀이 한 사람이 일을 모두 끝내는 데 걸리는 시간은 $5 \times 12 = 60$(시간)입니다. 일한 시간을 x시간, 걸린 날수를 y일이라 할 때, x와 y의 대응 관계를 식으로 나타내면 $x \times y = 60$입니다. $y = 10$이면 $x \times 10 = 60$, $x = 60 \div 10 = 6$입니다.
따라서 이 일을 10일 만에 끝내려면 하루에 6시간씩 일을 해야 합니다.

313a~313b 창의력 학습

a $y=20\times x$

풀이 길이가 30m인 기차가 길이가 530m인 터널을 완전히 통과하는 데 28초가 걸렸으므로 $530+30=560$(m)를 가는데 28초가 걸린 셈입니다. 이 기차가 1초에 $560\div 28=20$(m)씩 달릴 때 달린 시간을 x초, 달린 거리를 ym라고 하면 $y=20\times x$입니다.

b 27분

풀이 (욕조의 들이)$=180\times 60\times 50$
$$=540000(\text{cm}^3)$$
$$\Rightarrow 540\text{L}$$

1분에 나오는 물의 양을 xL, 물을 받는 시간을 y분이라고 할 때, x와 y의 대응 관계를 식으로 나타내면 $x\times y=540$입니다. $x=20$이면 $20\times y=540$, $y=540\div 20=27$입니다.
따라서 27분 동안 물을 받아야 합니다.

314a~315b 경시대회 예상문제

1 ㉢ $y=50\times x$, ㉡ $x\times y=280$

2 $15\dfrac{3}{4}$kg 또는 15.75kg

풀이 통나무 4m의 무게가 9kg이므로 통나무 1m의 무게는 $9\div 4=2\dfrac{1}{4}$(kg)입니다. 통나무의 길이를 xm, 무게를 $y$kg이라고 할 때, x와 y의 대응 관계를 식으로 나타내면 $y=2\dfrac{1}{4}\times x$입니다.

$x=7$이면 $y=2\dfrac{1}{4}\times 7=15\dfrac{3}{4}$입니다.

따라서 통나무 7m의 무게는 $15\dfrac{3}{4}$kg입니다.

3 25L

풀이 (물탱크의 들이)$=15\times 110$
$$=1650(\text{L})$$

1분에 넣는 물의 양을 xL, 물을 받는 시간을 y분이라고 할 때, x와 y의 대응 관계를

식으로 나타내면 $x\times y=1650$입니다. 1시간 6분은 66분이므로 $y=66$이면 $x\times 66=1650$, $x=1650\div 66=25$입니다. 따라서 1분에 25L의 물을 넣으면 됩니다.

4 3시간에 255km를 달리므로 한 시간에는 $255\div 3=85$(km)를 달립니다. 버스가 한 시간에 85km를 달릴 때 달린 시간을 x시간, 달린 거리를 $y$km이라 하면 $y=85\times x$입니다. 3시간 30분은 3.5시간이므로 $x=3.5$이면 $y=85\times 3.5=297.5$입니다. 따라서 버스가 3시간 30분을 달리면 297.5km를 갈 수 있습니다.

[답] 297.5km 또는 $297\dfrac{1}{2}$km

평가 기준	
상	정비례 관계식을 세우고 답을 바르게 구한 경우
중	정비례 관계식은 세웠으나 답이 틀린 경우
하	풀이 과정과 답을 구하지 못한 경우

5 40m

풀이 길이가 1m인 막대의 그림자는 $3.2\div 2=1.6$(m)입니다. 막대의 길이를 xm, 그림자의 길이를 ym라 할 때, x와 y의 대응 관계를 식으로 나타내면 $y=1.6\times x$입니다.
$x=25$이면 $y=1.6\times 25=40$입니다.
따라서 길이가 25m인 막대의 그림자의 길이는 40m입니다.

6 $y=5\times x$

풀이 선분 ㄴㅁ의 길이를 $x$cm, 삼각형 ㄱㄴㅁ의 넓이를 $y$cm^{2}라고 할 때, x와 y의 대응 관계를 식으로 나타내면
$$y=10\times x\times \frac{1}{2}=5\times x$$입니다.

7 (1) $y=6\times x$ (2) $y=4\times x$
(3) 16m (4) 20m (5) 60m

풀이 (3) 정화는 $y=6\times x$에서 $x=8$이면 $y=6\times 8=48$이므로 48m 올라갔습니다. 선주는 8초 동안 $y=4\times 8=32$이므로 $48-32=16$(m)를 더 올라가야 합니다.
(4) 정화는 $y=6\times x$에서 $y=30$이면

$30=6\times x$, $x=30\div6=5$이므로
5초 동안 올라갔습니다. 선주는
$y=4\times x=4\times5=20$이므로 20m를
올라갑니다.

(5) 선주는 $y=4\times x$에서 $y=40$이면
$40=4\times x$, $x=40\div4=10$이므로
10초 동안 올라갔습니다. 정화는
$y=6\times x=6\times10=60$이므로 60m
를 올라갑니다.

8 5cm

[풀이] (직육면체의 부피)$=282.6\times8$
$=2260.8(\text{cm}^3)$

원기둥의 한 밑면의 넓이를 $x\text{cm}^2$, 높이를
$y\text{cm}$라고 할 때, x와 y의 대응 관계를 식
으로 나타내면 $x\times y=2260.8$입니다.
$x=452.16$이면 $452.16\times y=2260.8$,
$y=2260.8\div452.16=5$입니다.
따라서 원기둥의 높이는 5cm입니다.

9 6분

[풀이] 1분 동안 채울 수 있는 물의 높이는
$15\div5=3(\text{cm})$입니다.
물을 넣는 시간을 x분, 물의 높이를 $y\text{cm}$
라고 할 때, x와 y의 대응 관계를 식으로
나타내면 $y=3\times x$입니다.

물통의 $\dfrac{1}{5}$만큼은 $90\times\dfrac{1}{5}=18(\text{cm})$의 높

이이므로 $y=18$이면 $18=3\times x$,
$x=18\div3=6$입니다.
따라서 6분이 걸립니다.

10 1대가 전체 일을 끝내는 데 걸리는 시간은
$5\times8\times12=480$(시간)입니다. 일을 하는
기계의 수를 x대, 일한 날수를 y일이라고
할 때, x와 y의 대응 관계를 식으로 나타
내면 $10\times x\times y=480$, $x\times y=48$입니
다. $y=8$이면 $x\times8=48$, $x=48\div8=6$
입니다. 따라서 6대가 필요합니다.
[답] 6대

평가 기준	
상	반비례 관계식을 세우고 답을 바르게 구한 경우
중	반비례 관계식은 세웠으나 답이 틀린 경우
하	풀이 과정과 답을 구하지 못한 경우

316a-316b

1 (1) 예
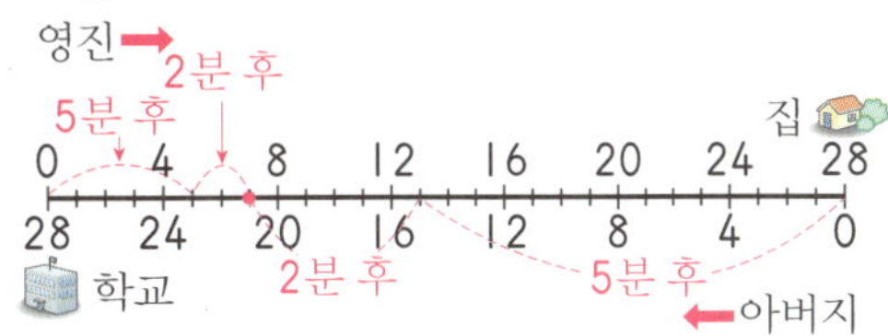

(2) 320m^2

2 (1) $\dfrac{3}{8}$ (2) $\dfrac{1}{8}$ (3) 5, 2, 1, 320 (4) 320m^2

3 (1) 5칸, 15칸

(2) 예
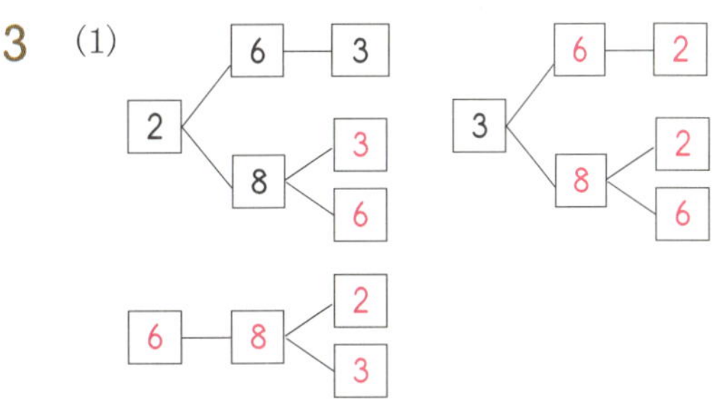

(3) 7분 후

4 (1) $\dfrac{1}{28}$, $\dfrac{3}{28}$

(2) 예 $\dfrac{1}{28}\times x+\dfrac{3}{28}\times x=1$, 7분 후

317a-317b

1 (1)

세경	승유	승유

(2) 20분

2 (1) 예 $\dfrac{1}{60}\times x+\dfrac{2}{60}\times x=1$, $x=20$

(2) 20분

3 (1)

```
      6 — 3
  2
      8 — 3
        — 6

      6 — 2
  3
      8 — 2
        — 6

  6 — 8 — 2
        — 3
```

(2) 8가지

4 예 $480\times\left(1-\dfrac{5}{6}\right)\times\left(1-\dfrac{3}{4}\right)=20$,

20m

318a-318b

1 40분

풀이 그림을 그려서 알아봅니다.

따라서 민수와 형이 같이 연을 만들면 40분이 걸리겠습니다.

2 30분 후

풀이 1시간 15분은 75분이므로 호영이가 1분 동안 가는 거리는 전체의 $\dfrac{1}{75}$ 이고, 수지가 1분 동안 가는 거리는 전체의 $\dfrac{1.5}{75}=\dfrac{3}{150}=\dfrac{1}{50}$ 입니다.

x분 후에 두 사람이 만난다고 하면,

$$\dfrac{1}{75}\times x+\dfrac{1}{50}\times x=1$$

$$\dfrac{5}{150}\times x=1,\ x=30$$

따라서 두 사람은 출발한 지 30분 후에 만날 수 있습니다.

3 27개

풀이 동현이가 처음에 가지고 있던 구슬을 x개라고 하면

$$x\times\left(1-\dfrac{5}{9}\right)\times\left(1-\dfrac{1}{2}\right)=6$$

$$x\times\dfrac{2}{9}=6,\ x=27$$

따라서 동현이가 처음에 가지고 있던 구슬은 27개입니다.

4 60m^2

풀이

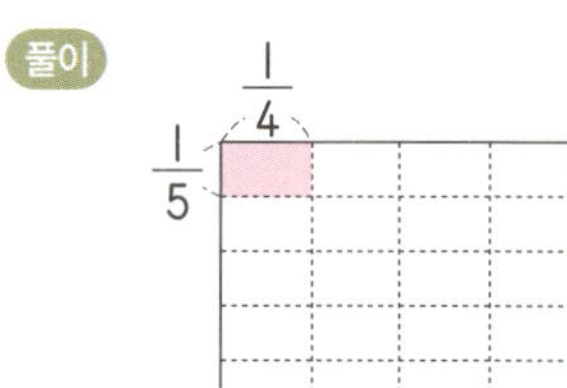

색칠한 부분은 전체의 $\dfrac{1}{20}$ 이므로 전체 밭의 넓이는 $20\times3=60(\text{m}^2)$입니다.

5 10가지

풀이

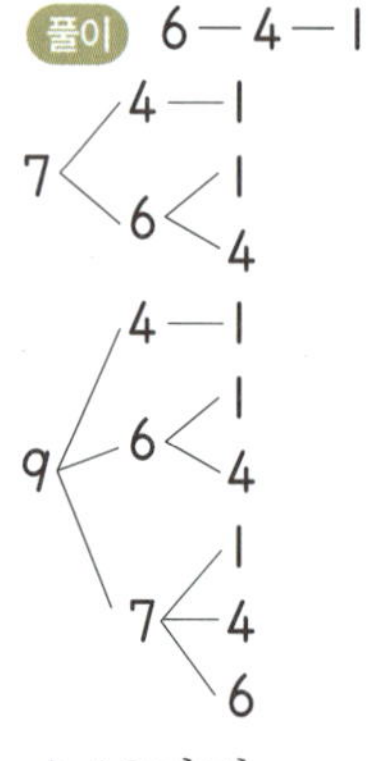

➡ 10가지

6 12분

풀이 5시간은 300분이므로 그림을 그려서 알아봅니다.

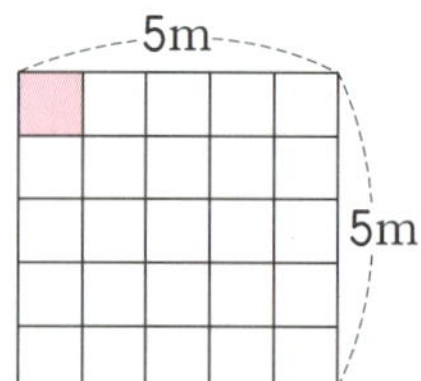

한 변이 1m인 정사각형 모양의 바닥에 타일을 붙이려면 $300\times\dfrac{1}{25}=12$(분)이 걸리겠습니다.

319a-319b

1 (1) 남은 돈의 $\dfrac{1}{10}$ 로 아이스크림을 사 먹음, 나머지의 $\dfrac{5}{9}$ 를 동생에게 줌

(2) 7200원 (3) 8000원 (4) 14000원

(5) 8000, 7200 (6) 6000원

2 (1) 영호가 선물을 사는 데 쓴 돈

(2) 14000원

(3) 예 $14000-x$

(4) 예 $(14000-x)\times\left(1-\dfrac{1}{10}\right)$

(5) 예 $(14000-x)\times\left(1-\dfrac{1}{10}\right)\times\left(1-\dfrac{5}{9}\right)$

(6) 〈예〉 $(14000-x)\times\left(1-\dfrac{1}{10}\right)\times\left(1-\dfrac{5}{9}\right)$
$\qquad=3200,\ x=6000$

(7) 6000원

320a-320b

1 (1) 32, 24 (2) 32개

2 (1) 〈예〉 $x\times\left(1-\dfrac{1}{4}\right)\times\left(1-\dfrac{5}{6}\right)=4,\ x=32$

(2) 32개

3 (1)

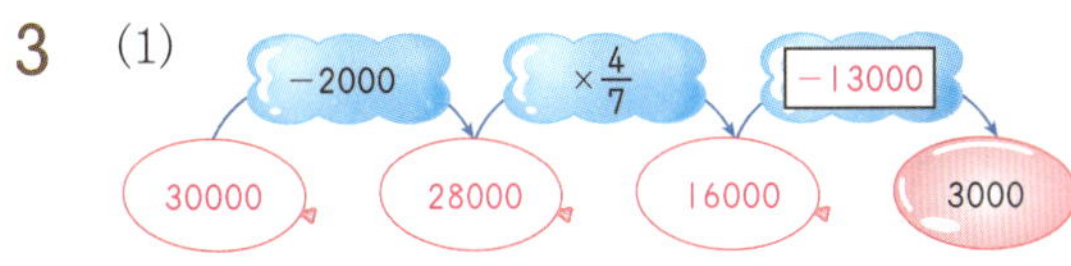

(2) 30000원

4 (1) 〈예〉 $(x-1000\times2)\times\left(1-\dfrac{3}{7}\right)-13000$
$\qquad=3000,\ x=30000$

(2) 30000원

321a-321b

1 30000원

〈풀이〉 거꾸로 생각하여 해결해 봅니다.

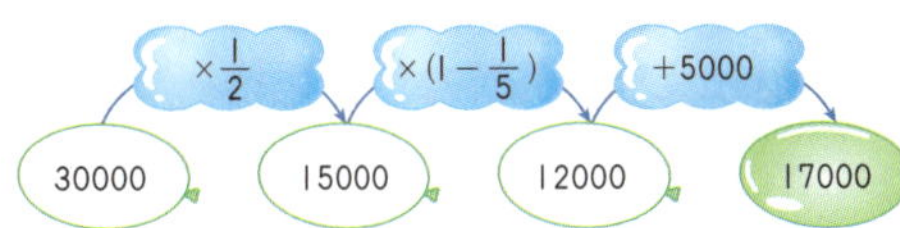

따라서 연희가 처음에 가지고 있던 돈은 30000원입니다.

2 39개

〈풀이〉 민호가 처음에 가지고 있던 구슬을 x개라 하면

$(x-11+6)\times\left(1-\dfrac{1}{2}\right)=17$

$x-5=34,\ x=39$

따라서 민호가 처음에 가지고 있던 구슬은 39개입니다.

3 48

〈풀이〉 처음 수를 x라고 하면

$\left(x\times\dfrac{2}{3}-5\right)\div9=3,\ x\times\dfrac{2}{3}-5=27$

$x\times\dfrac{2}{3}=32,\ x=48$

따라서 처음 수는 48입니다.

4 10000원

〈풀이〉 이모께서 주신 용돈을 x원이라 하면

$(500+x)\times\left(1-\dfrac{2}{3}\right)-2700=800$

$(500+x)\times\dfrac{1}{3}=3500$

$500+x=10500,\ x=10000$

따라서 이모께서 주신 용돈은 10000원입니다.

5 120쪽

〈풀이〉 수학 문제집의 전체 쪽수를 x쪽이라 하면

$x\times\left(1-\dfrac{2}{5}\right)\times\left(1-\dfrac{5}{9}\right)=32$

$x\times\dfrac{3}{5}\times\dfrac{4}{9}=32,\ x=120$

따라서 수학 문제집은 모두 120쪽입니다.

6 18살

〈풀이〉 윤미의 나이를 x살이라 하면

$x\times2\dfrac{5}{6}+1=52,\ x=18$

따라서 윤미의 나이는 18살입니다.

322a-322b

1 (1) (위에서부터) $3\times3+4\times13=61$
$\qquad/\,12,\ 3\times4+4\times12=60$
$\qquad/\,5,\ 11,\ 3\times5+4\times11=59$
$\qquad/\,6,\ 10,\ 3\times6+4\times10=58$
$\qquad/\,7,\ 9,\ 3\times7+4\times9=57$
$\qquad/\,8,\ 8,\ 3\times8+4\times8=56$
$\qquad/\,9,\ 7,\ 3\times9+4\times7=55$
$\qquad/\,10,\ 6,\ 3\times10+4\times6=54$

(2) 〈예〉 1장씩 줄어듭니다.

(3) 9개, 7개

2 (1) 48장 (2) 64장 (3) 56장
(4) 세잎 클로버 (5) 9개, 7개

323a-323b

1 (1) (위에서부터) 7,
$1200 \times 7 + 800 \times 7 = 14000$
/ 6, 8, $1200 \times 6 + 800 \times 8 = 13600$
/ 5, 9, $1200 \times 5 + 800 \times 9 = 13200$
/ 4, 10,
$1200 \times 4 + 800 \times 10 = 12800$
(2) 5명, 9명

2 (1) 14000원 (2) 어린이 (3) 5명, 9명

3 (1) (위에서부터) 28, 2,
$50 + 28 \times 10 - 2 \times 5 = 320$
/ 27, 3, $50 + 27 \times 10 - 3 \times 5 = 305$
/ 26, 4, $50 + 26 \times 10 - 4 \times 5 = 290$
/ 25, 5, $50 + 25 \times 10 - 5 \times 5 = 275$
/ 26개

4 (1) 125점 (2) 맞힌 문제 (3) 26개

324a-324b

1 20대, 10대

풀이 표를 작성하여 해결해 봅니다.

두발자전거 수(대)	세발자전거 수(대)	바퀴 수의 합(개)
15	15	$2 \times 15 + 3 \times 15 = 75$
16	14	$2 \times 16 + 3 \times 14 = 74$
17	13	$2 \times 17 + 3 \times 13 = 73$
18	12	$2 \times 18 + 3 \times 12 = 72$
19	11	$2 \times 19 + 3 \times 11 = 71$
20	10	$2 \times 20 + 3 \times 10 = 70$

따라서 두발자전거는 20대, 세발자전거는 10대 있습니다.

2 5개

풀이 귤이 20개씩 들어 있는 상자와 22개씩 들어 있는 상자가 각각 6개라고 예상하면 귤은 모두 $20 \times 6 + 22 \times 6 = 252$(개)입니다. 252개는 254개보다 적으므로 22개씩 들어 있는 귤 상자 수를 늘려서 다시

예상해 봅니다.
귤이 20개씩 들어 있는 상자를 5개, 22개씩 들어 있는 상자를 7개라고 예상하면 귤은 모두 $20 \times 5 + 22 \times 7 = 254$(개)입니다.
따라서 귤이 20개씩 들어 있는 귤 상자는 5개입니다.

3 18개

풀이 표를 작성하여 해결해 봅니다.

맞힌 문제 수(개)	틀린 문제 수(개)	점수(점)
20	0	$5 \times 20 - 0 \times 2 = 100$
19	1	$5 \times 19 - 1 \times 2 = 93$
18	2	$5 \times 18 - 2 \times 2 = 86$
17	3	$5 \times 17 - 3 \times 2 = 79$

따라서 현지가 수학 시험에서 맞힌 문제는 18개입니다.

4 60분 후

풀이 물이 1L 빠지는 데 그릇 ㉮는 5분이 걸리고, 그릇 ㉯는 6분이 걸립니다.
5와 6의 공배수인 30분 단위로 그릇에 남은 물의 양을 알아봅니다.
30분 후에 남은 물의 양을 알아보면
(그릇 ㉮) $= 100 - 6 = 94$(L),
(그릇 ㉯) $= 98 - 5 = 93$(L)
이므로 같지 않습니다.
60분 후에 남은 물의 양을 알아보면
(그릇 ㉮) $= 100 - 12 = 88$(L),
(그릇 ㉯) $= 98 - 10 = 88$(L)
이므로 같습니다.
따라서 남은 물의 양이 처음으로 같아지는 때는 60분 후입니다.

5

이름 \ 동물	토끼	호랑이	기린	코알라
민정	×	×	○	×
윤호	×	○	×	×
우영	×	×	×	○
선규	○	×	×	×

민정: 기린, 윤호: 호랑이, 우영: 코알라,
선규: 토끼

325a-325b

1 (1)

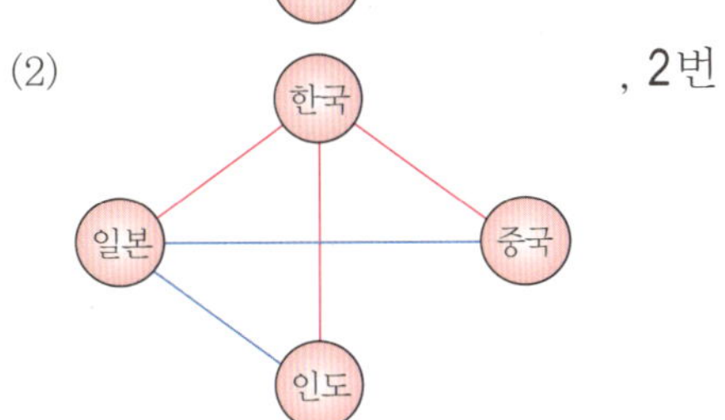

, 3번

(2)

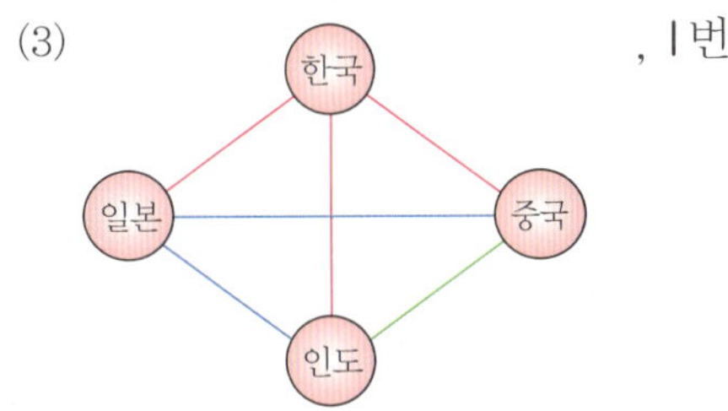

, 2번

(3)

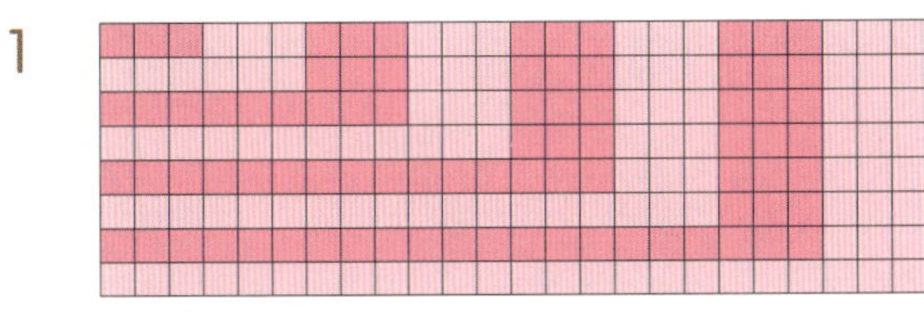

, 1번

(4) 6번

2 (1) 1번 (2) 3번

(3) ⒠ 대표가 한 명 늘어나기 전에 악수를 했었던 대표 수만큼 늘어납니다.

(4) 6번

풀이 (4) $1+2+3=6$(번)

3 (1) 12번 (2) 3, 6 (3) 6번

326a-326b

1

/ 240cm, 80cm

2 (1) 320cm (2) 240cm, 80cm

3 (1) ⒠ $(x\times3+x)\times2=640,\ x=80$

(2) 240cm, 80cm

4 ⒠ (위에서부터) $20,\ 13-2\times2=9$

$/\ 3,\ 30,\ 13-3\times2=7$

$/\ 4,\ 40,\ 13-4\times2=5$

$/\ 5,\ 50,\ 13-5\times2=3$

/ 3개

5 10, 10, 10, 10, 3

327a-327b

1 157cm^2

풀이 (색칠한 부분의 넓이)

$=$(큰 원의 넓이)$-$(작은 원의 넓이)$\times2$

$=10\times10\times3.14-(5\times5\times3.14)\times2$

$=314-157$

$=157(\text{cm}^2)$

2 ⒠ 그림과 같이 (반지름)이 (10cm)인 원 안에 (반지름)이 (5cm)인 작은 원 (2)개를 그려 넣었습니다. (색칠한 부분)의 (넓이)를 구하시오.

3 125.6cm

풀이 (색칠한 부분의 둘레)

$=$(큰 원의 둘레)$+$(작은 원의 둘레)$\times2$

$=2\times10\times3.14+(2\times5\times3.14)\times2$

$=62.8+62.8$

$=125.6(\text{cm})$

4 256.5cm^2

풀이 (초콜릿 시럽으로 꾸밀 부분의 넓이)

$=$(원의 넓이)$-$(마름모의 넓이)

$=15\times15\times3.14-30\times30\div2$

$=706.5-450$

$=256.5(\text{cm}^2)$

5 ⒠ (반지름)이 (15cm)인 원 모양의 흰 케이크에 (마름모) 모양의 무늬를 넣어 (색칠한 부분)을 초콜릿 시럽으로 꾸미려고 합니다. (초콜릿 시럽으로 꾸밀 부분)의 (넓이)를 구하시오.

6 〔예〕

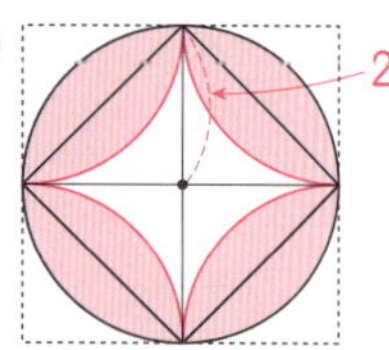

반지름이 20cm인 원 모양의 흰 케이크에 색칠한 부분처럼 시럽을 발랐습니다. 시럽을 바른 부분의 둘레를 구하시오.
/ 251.2cm

〔풀이〕 시럽을 바른 부분의 둘레는 반지름이 20cm인 원 2개의 둘레와 같습니다.

➡ (시럽을 바른 부분의 둘레)
$$= (2 \times 20 \times 3.14) \times 2$$
$$= 251.2 \text{(cm)}$$

328a-328b 창의력 학습

a 6가지

〔풀이〕 표를 작성하여 해결해 봅니다.

10kg짜리(개)	3	2	2	2	1	1
5kg짜리(개)	0	2	1	1	3	3
2kg짜리(개)	0	0	2	1	2	1
1kg짜리(개)	0	0	1	3	1	3

➡ 6가지

b 22명

〔풀이〕 첫 번째 사람과 열두 번째 사람 사이에는 10명이 있습니다. 따라서 강강술래에 참여한 사람은 모두 $2 + (10 \times 2) = 22$(명)입니다.

329a-330b 경시대회 예상문제

1 12분

〔풀이〕 1분 동안 인규는 밤을 전체의 $\dfrac{1}{20}$, 동생은 전체의 $\dfrac{1}{30}$을 따므로 걸리는 시간을 x분이라고 하면

$$\frac{1}{20} \times x + \frac{1}{30} \times x = 1$$
$$\frac{3}{60} \times x + \frac{2}{60} \times x = 1$$
$$\frac{5}{60} \times x = 1$$
$$x = 12$$

따라서 두 사람이 밤을 같이 따면 모두 따는데 12분이 걸리겠습니다.

2 $16\dfrac{2}{3}\,\text{m}^2$

〔풀이〕 텃밭에 아무것도 심지 않은 부분은 전체의 $\left(1 - \dfrac{7}{12}\right) \times \left(1 - \dfrac{3}{5}\right) = \dfrac{1}{6}$입니다.

➡ (아무것도 심지 않은 부분의 넓이)
$$= \overset{5}{10} \times 10 \times \frac{1}{\underset{3}{6}}$$
$$= \frac{50}{3} = 16\frac{2}{3}\,(\text{m}^2)$$

3 145

〔풀이〕 $(\square - 40) \times \dfrac{3}{5} + 37 = 100$

$$(\square - 40) \times \frac{3}{5} = 63$$
$$\square - 40 = 105$$
$$\square = 145$$

따라서 145가 적힌 카드를 뽑으면 상품을 받게 됩니다.

4 영은이의 나이를 x살이라 하면 동생의 나이는 $\left(x \times \dfrac{5}{6}\right)$살입니다.

$$\left(x + x \times \frac{5}{6}\right) \times 3 + 3 = 69$$
$$\left(x + x \times \frac{5}{6}\right) \times 3 = 66$$
$$x + x \times \frac{5}{6} = 22$$
$$x \times \frac{11}{6} = 22$$
$$x = 12$$

따라서 영은이의 나이는 12살입니다.
[답] 12살

※해답은 따로 보관하고 있다가 채점할 때 사용해 주세요.

평가 기준	
상	식을 세우고 답을 바르게 구한 경우
중	식은 세웠으나 답을 구하지 못한 경우
하	풀이 과정과 답을 구하지 못한 경우

5 320cm

풀이 그림을 그려서 알아봅니다.

10cm
10cm

➡ (이어 붙인 모양의 둘레)
$=10\times32=320(cm)$

6 1번

풀이 표를 작성하여 알아봅니다.

	현우	수진	연경	점수(점)
현우		0	1	1
수진	2		0	2
연경	1	2		3

따라서 수진이는 1번 이겼습니다.

7 14개, 17개

풀이 10월은 31일까지 있으므로 돼지 저금통에 모은 동전은 모두 31개입니다. 표를 작성하여 알아봅니다.

50원 짜리(개)	500원 짜리(개)	모은 금액(원)
16	15	$50\times16+500\times15=8300$
15	16	$50\times15+500\times16=8750$
14	17	$50\times14+500\times17=9200$
13	18	$50\times13+500\times18=9650$

따라서 50원짜리 동전은 14개이고, 500원짜리 동전은 17개입니다.

8 석현, 용우, 혜진, 민주, 아라, 철민

풀이 ㉠ 용우>혜진
㉡ 석현>민주>아라
㉢ 혜진>아라>철민
㉣ 석현>용우>혜진>민주>아라>철민

9 3만 원

풀이 의자의 정가를 x원이라고 하면
$(x-10000)\times0.1=(x-20000)\times0.2$

$x\times0.1-1000=x\times0.2-4000$
$x\times0.1=3000$
$x=30000$
따라서 의자의 정가는 3만 원입니다.

10 전봇대의 길이가 2m씩 늘어나는 규칙이므로 2부터 20까지의 짝수를 모두 더합니다.
$2+4+6+8+10+12+14+16+18+20$
$=(2+20)+(4+18)+(6+16)$
$\quad+(8+14)+(10+12)$
$=22\times5$
$=110(m)$
따라서 필요한 전봇대의 길이의 합은 110m입니다.
[답] 110m

평가 기준	
상	규칙을 찾고 답을 바르게 구한 경우
중	규칙은 찾았으나 답을 구하지 못한 경우
하	풀이 과정과 답을 구하지 못한 경우

11 (위에서부터) 3.1 / 3, 35, 430
　　　　　 / 4, 10, 425

풀이 ㉠ (고속 열차가 1분 동안 가는 거리)
$=2\times\dfrac{155}{100}=3.1(km)$

㉡ (고속버스로 가는 시간)
$=2시간\times2+10분$
$=4시간 10분$
고속버스로 가는 데 걸리는 시간이 4시간 10분, 즉 250분이고 1분 동안 가는 거리는 1.7km이므로 거리는
$250\times1.7=425(km)$입니다.
㉢ (철로의 길이) : (고속 도로의 길이)
$=86:85$
이므로 철로의 길이를 $x$km라고 하면
$x:425=86:85$입니다.
$x\times85=425\times86$
$x\times85=36550$
$x=430(km)$
따라서 철로의 길이는 430km입니다.
새마을 열차는 1분 동안에 2km를 가므로 소요 시간은 $430\div2=215(분)$, 즉 3시간 35분입니다.

331a~333b

1 (왼쪽에서부터) 19, 39 / 4

2 (왼쪽에서부터) 9, 12, 15 / 3

3 $y=4\times x$

4 (1) 정비례합니다. (2) $y=9\times x$

풀이 (1) x가 2배, 3배, 4배, ……로 변함에 따라 y도 2배, 3배, 4배, ……로 변하므로 y는 x에 정비례합니다.

5 15, 20, 25 / 정비례합니다.

6 18, 24, 30 / 정비례합니다.

7 ㉡

풀이 x와 y의 대응 관계를 식으로 나타내면 다음과 같습니다.
㉠ $y=x+7$ ㉡ $y=8\times x$

8 (1) $y=15\times x$ (2) 75g (3) 8m

풀이 (1) 철사 1m의 무게는 15g, 2m의 무게는 30g, ……이므로 x와 y의 대응 관계를 식으로 나타내면 $y=15\times x$입니다.
(2) $y=15\times x$에 $x=5$를 넣으면
$y=15\times5$, $y=75$
따라서 철사 5m의 무게는 75g입니다.
(3) $y=15\times x$에 $y=120$을 넣으면
$120=15\times x$, $x=8$
따라서 무게가 120g일 때 철사의 길이는 8m입니다.

9 (1) $y=2000\times x$ (2) 18000원 (3) 16명

풀이 (1) 학생 한 명의 입장료는 2000원, 학생 2명의 입장료는 4000원, ……이므로 x와 y의 대응 관계를 식으로 나타내면 $y=2000\times x$입니다.
(2) $y=2000\times x$에 $x=9$를 넣으면
$y=2000\times9$, $y=18000$
따라서 초등학생 9명의 입장료는 18000원입니다.
(3) $y=2000\times x$에 $y=32000$을 넣으면
$32000=2000\times x$, $x=16$
따라서 입장료가 모두 32000원일 때 전시회에 입장한 초등학생은 16명입니다.

10 (1) 반비례합니다. (2) $x\times y=120$

풀이 (1) x가 2배, 3배, 4배, ……로 변함에 따라 y는 $\frac{1}{2}$배, $\frac{1}{3}$배, $\frac{1}{4}$배, ……로 변하므로 y는 x에 반비례합니다.

11 20, 15, 12, 1 / 반비례합니다.

12 24, 18, 12, 1 / 반비례합니다.

13 ㉠

풀이 x와 y의 대응 관계를 식으로 나타내면 다음과 같습니다.
㉠ $x\times y=18$ ㉡ $y=7\times x$

14 (1) $x\times y=90$ (2) 18cm (3) 10cm

풀이 (1) 직사각형의 가로가 1cm이면 세로는 90cm, 가로가 2cm이면 세로는 45cm, ……이므로 x와 y의 대응 관계를 식으로 나타내면 $x\times y=90$입니다.
(2) $x\times y=90$에 $x=5$를 넣으면
$5\times y=90$, $y=18$
따라서 직사각형의 가로가 5cm일 때, 세로는 18cm입니다.
(3) $x\times y=90$에 $y=9$를 넣으면
$x\times9=90$, $x=10$
따라서 직사각형의 세로가 9cm일 때, 가로는 10cm입니다.

15 (1) $x\times y=30$ (2) 3번 (3) 5개

풀이 (1) ㉯의 톱니 수가 15개이면 2번, ㉯의 톱니 수가 10개이면 3번, …… 돌아가므로 x와 y의 대응 관계를 식으로 나타내면 $x\times y=30$입니다.
(2) $x\times y=30$에 $x=10$을 넣으면
$10\times y=30$, $y=3$
따라서 ㉯의 톱니 수가 10개일 때 3번 돌아갑니다.
(3) $x\times y=30$에 $y=6$을 넣으면
$x\times6=30$, $x=5$
따라서 ㉯가 6번 돌아간다면 ㉯의 톱니 수는 5개입니다.

334a~336b

1 12, 16, 20 / $y=4\times x$

2 4, 7, 10, 13, 16 / $y=3\times x+1$

풀이 성냥개비의 수는 정사각형의 수의 3배보다 1 더 많으므로 x와 y의 대응 관계를 식으로 나타내면 $y=3\times x+1$입니다.

3 $y=30+10\times x$

4 30, 60, 90, 120, 150 / 정비례합니다.

5 11, 22, 33, 44, 55 / 정비례합니다.

6 30, 45, 60, 75

7 $y=10\times x$

풀이 추 한 개의 무게는 10g, 추 2개의 무게는 20g, ……이므로 x와 y의 대응 관계를 식으로 나타내면 $y=10\times x$입니다.

8 $y=900\times x$

풀이 초콜릿 한 개의 값은 900원, 초콜릿 2개의 값은 1800원, ……이므로 x와 y의 대응 관계를 식으로 나타내면 $y=900\times x$입니다.

9 520km

풀이 버스가 달리는 시간을 x시간, 달리는 거리를 $y$km라고 할 때, x와 y의 대응 관계를 식으로 나타내면 $y=65\times x$입니다.
$y=65\times x$에 $x=8$을 넣으면
$y=65\times 8$, $y=520$
따라서 버스가 8시간을 달렸다면 520km를 달린 것입니다.

10 495명

풀이 버스의 수를 x대, 승객 수를 y명이라고 할 때, x와 y의 대응 관계를 식으로 나타내면 $y=45\times x$입니다.
$y=45\times x$에 $x=11$을 넣으면
$y=45\times 11$, $y=495$
따라서 버스 11대에는 495명까지 탈 수 있습니다.

11 15시간

풀이 인형을 만드는 시간을 x시간, 만든 인형의 수를 y개라고 할 때, x와 y의 대응 관계를 식으로 나타내면 $y=260\times x$입니다.
$y=260\times x$에 $y=3900$을 넣으면
$3900=260\times x$, $x=15$

따라서 3900개의 인형을 만들려면 15시간이 걸립니다.

12 24, 12, 8, 6, 4, 1 / 반비례합니다.

13 50, 25, 20

14 $x\times y=15000$

풀이 매달 1000원씩 모으면 15개월, 매달 3000원씩 모으면 5개월, ……이 걸리므로 x와 y의 대응 관계를 식으로 나타내면 $x\times y=15000$입니다.

15 $x\times y=80$

풀이 (삼각형의 넓이)=(밑변)×(높이)÷2에서 $40=$(밑변)×(높이)÷2,
(밑변)×(높이)$=80$
따라서 x와 y의 대응 관계를 식으로 나타내면 $x\times y=80$입니다.

16 25일

풀이 하루에 읽는 동화책 쪽수를 x쪽, 동화책을 읽는 데 걸리는 날수를 y일이라고 할 때, x와 y의 대응 관계를 식으로 나타내면 $x\times y=150$입니다.
$x\times y=150$에 $x=6$을 넣으면
$6\times y=150$, $y=25$
따라서 하루에 6쪽씩 읽는다면 동화책을 다 읽는 데 25일이 걸립니다.

17 8시간

풀이 한 시간에 소비하는 물의 양을 xL, 물을 모두 사용하는 데 걸리는 시간을 y시간이라고 할 때, x와 y의 대응 관계를 식으로 나타내면 $x\times y=2000$입니다.
$x\times y=2000$에 $x=250$을 넣으면
$250\times y=2000$, $y=8$
따라서 물을 모두 사용하는 데 걸리는 시간은 8시간입니다.

18 25년

풀이 1년에 사용하는 석유의 양을 x배럴, 사용할 수 있는 기간을 y년이라고 할 때, x와 y의 대응 관계를 식으로 나타내면 $x\times y=$2조 5000억입니다.
$x\times y=$2조 5000억에 $x=1000$억을 넣으면
1000억$\times y=$2조 5000억, $y=25$

따라서 1년에 사용하는 석유의 양이 1000억 배럴이라면 25년간 사용할 수 있습니다.

337a~339b

1 (1) 예
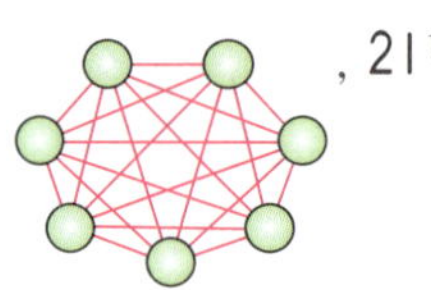

(2) $\dfrac{1}{16}$ (3) 9600cm^2

풀이 (3) 전체의 $\dfrac{1}{16}$ 이 600cm^2이므로 전체 게시판의 넓이는
$600 \times 16 = 9600(\text{cm}^2)$입니다.

2 (1) 3, 9, 16, 9600 (2) 9600cm^2

3 (1) 16000, 14000, 12000
(2) 16000원

4 (1) 4, 2, 3, 3, 12000, 16000
(2) 16000원

5 (1) (위에서부터) 4, $3 \times 2 + 4 \times 4 = 22$ /
3, $3 \times 3 + 4 \times 3 = 21$
(2) 2개, 4개

6 (1) 21송이 (2) 4송이씩 꽂혀 있는 꽃병
(3) 2개, 4개

7
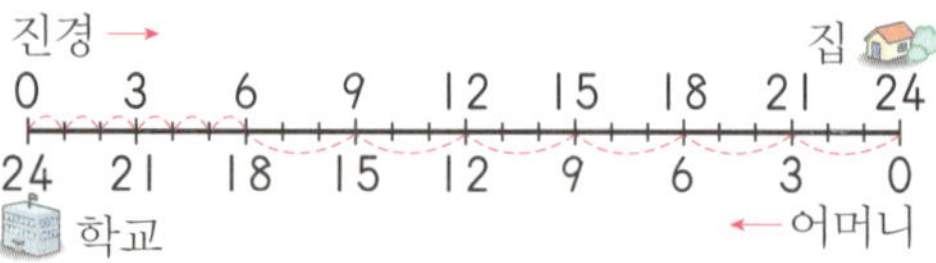
, 21번

8 (1) 1번, 3번, 6번, 10번 (2) 21번
풀이 (2) 악수를 하는 횟수가 2번, 3번, 4번, ……으로 늘어나는 규칙이므로 악수는 모두 $1+2+3+4+5+6 = 21$(번) 하게 됩니다.

9 예 $7 \times 6 \div 2 = 21$, 21번
풀이 7명의 학생들이 각각 6명의 학생들과 악수를 하고 서로 한 번씩 겹치므로 악수는 모두 $7 \times 6 \div 2 = 21$(번) 하게 됩니다.

10 1cm
, 9cm, 3cm

11 (1) 12cm (2) 9cm, 3cm

12 예 $3 \times x + x = 12$ / 9cm, 3cm
풀이 직사각형의 세로를 $x\text{cm}$라고 하면 가로는 $(3 \times x)\text{cm}$입니다.
$3 \times x + x = 12$, $4 \times x = 12$, $x = 3$
따라서 직사각형의 가로는 9cm, 세로는 3cm입니다.

13 56.52cm^2
풀이 (색칠한 부분의 넓이)
$= $ (큰 원의 넓이의 $\dfrac{1}{2}$)
$= 6 \times 6 \times 3.14 \div 2 = 56.52(\text{cm}^2)$

14 예 (반지름)이 (6cm)인 원 안에 (반지름)이 (3cm)인 원이 있습니다. (색칠한 부분)의 (넓이)를 구하시오.

15 69.08cm, 34.54cm^2
풀이 (색칠한 부분의 둘레)
$= $ (큰 원의 둘레)$+$(작은 원의 둘레)
$= 6 \times 2 \times 3.14 + 5 \times 2 \times 3.14$
$= 37.68 + 31.4 = 69.08(\text{cm})$
(색칠한 부분의 넓이)
$= $ (큰 원의 넓이)$-$(작은 원의 넓이)
$= 6 \times 6 \times 3.14 - 5 \times 5 \times 3.14$
$= 113.04 - 78.5 = 34.54(\text{cm}^2)$

340a~342b

1 6분 후
풀이 학교에서 집까지의 거리를 24칸이라 생각하고 두 사람이 만날 때까지 수직선에 거리를 표시하면 다음과 같습니다.

진경이는 1분에 1칸, 어머니는 1분에 3칸을 가므로 두 사람은 6분 후에 만납니다.

2 35개

풀이 민주가 가진 구슬의 수를 1이라고 하면 용주가 가진 구슬의 수는 $\frac{2}{5}$입니다. 민주가 가진 구슬의 수를 x개라고 하면

$(1+\frac{2}{5})\times x=49$, $\frac{7}{5}\times x=49$, $x=35$

따라서 민주가 가진 구슬은 35개입니다.

3 18명

풀이

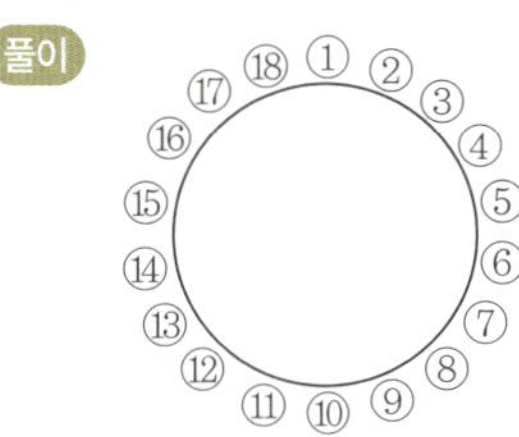

4 40분

풀이 2시간은 120분이므로 소현이가 1분 동안 하는 일은 전체의 $\frac{1}{120}$이고 어머니가 1분 동안 하는 일은 전체의 $\frac{2}{120}$입니다. 두 사람이 일을 하는 시간을 x분이라고 하면

$(\frac{1}{120}+\frac{2}{120})\times x=1$, $\frac{3}{120}\times x=1$,

$x=40$

따라서 소현이와 어머니가 집 안을 같이 청소하면 40분이 걸립니다.

5 96개

풀이 친구에게 주기 전 사탕의 수:

$30\div\frac{3}{8}=80$(개)

동생에게 주기 전 사탕의 수:

$80\div\frac{5}{6}=96$(개)

따라서 처음에 선주가 가진 사탕은 96개입니다.

6 84

풀이 어떤 수를 x라고 하면

$(x+6)\div\frac{9}{11}\times\frac{2}{5}=44$,

$(x+6)\div\frac{9}{11}=110$,

$x+6=90$, $x=84$

따라서 어떤 수는 84입니다.

7 2000원

풀이 과자를 사 먹기 전의 돈:

$1600\div\frac{2}{5}=4000$(원)

생일 선물을 사기 전의 돈:
$4000+3000=7000$(원)
어머니께서 용돈을 주시기 전의 돈:
$7000-5000=2000$(원)
따라서 원영이가 처음에 가지고 있던 돈은 2000원입니다.

8 600mL

풀이 석준이가 마신 우유의 양을 xmL라고 하면 주연이가 마신 우유의 양은 $(x-100)$mL, 혜주가 마신 우유의 양은 $(x+300)$mL입니다.

$x-100+x+x+300=2000$,
$3\times x+200=2000$, $3\times x=1800$,
$x=600$

따라서 석준이는 600mL를 마셨습니다.

9 17개

풀이 문제 수가 20개가 되도록 표를 만들면 다음과 같습니다.

맞힌 문제 수(개)	20	19	18	17
틀린 문제 수(개)	0	1	2	3
점수(점)	95	90	85	80

따라서 강현이가 맞힌 문제는 17개입니다.

10 7개, 3개

풀이 사과와 배가 10개가 되도록 표를 만들면 다음과 같습니다.

사과의 수(개)	5	6	7
배의 수(개)	5	4	3
금액(원)	20000	18000	16000

따라서 사과 7개, 배 3개를 샀습니다.

11 7cm

풀이 둘레가 40cm이므로 가로와 세로의 합이 20cm가 되게 예상합니다.
가로를 8cm, 세로를 12cm라고 예상하면 넓이는 $8\times12=96$(cm^2)이므로 91cm^{2}보

다 넓습니다. 가로를 7cm, 세로를 13cm라고 예상하면 넓이는 $7 \times 13 = 91(cm^2)$입니다. 따라서 가로는 7cm입니다.

12 5대

풀이 두발자전거와 세발자전거가 16대가 되게 예상합니다.
두발자전거를 6대, 세발자전거를 10대라고 예상하면 자전거의 바퀴 수는
$2 \times 6 + 3 \times 10 = 42$(개)이므로 43개보다 적습니다. 두발자전거를 5대, 세발자전거를 11대라고 예상하면 자전거의 바퀴 수는
$2 \times 5 + 3 \times 11 = 43$(개)입니다.
따라서 두발자전거는 5대입니다.

13 180cm

풀이

그림을 그려 보면 9cm인 변이 모두 20개이므로 직사각형의 둘레는
$9 \times 20 = 180(cm)$입니다.

14 30명

풀이 규칙을 찾아봅니다.

식탁 수(개)	1	2	3	4
사람 수(명)	4	6	8	10

➡ (사람 수)=(식탁 수)$\times 2 + 2$
따라서 식탁을 14개 이어 붙이면 모두
$14 \times 2 + 2 = 30$(명)이 앉을 수 있습니다.

15 13개

풀이 점의 개수가 3, 5, 7, 9, ……로 2개씩 커지는 규칙이므로 5번째에는
$9 + 2 = 11$(개), 6번째에는 $11 + 2 = 13$(개) 찍어야 합니다.

16 $42.14cm^2$

풀이 (색칠한 부분의 넓이)
=(정사각형의 넓이)−(원의 넓이)
$= 14 \times 14 - 7 \times 7 \times 3.14$
$= 196 - 153.86 = 42.14(cm^2)$

17 (예) (반지름)이 (7cm)인 원 (2)개가 붙어 있습니다. (색칠한 부분)의 넓이를 구하시오.

18 (예)

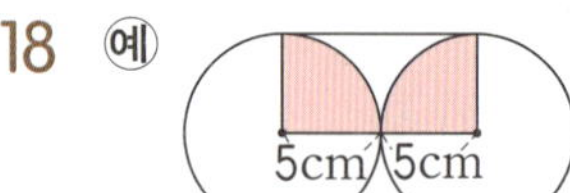

그림과 같이 반지름이 5cm인 원 2개가 붙어 있습니다. 색칠한 부분의 둘레를 구하시오. / 35.7cm

풀이 (색칠한 부분의 둘레)
=(원의 둘레의 $\frac{1}{2}$)+(원의 반지름)$\times 4$
$= 5 \times 2 \times 3.14 \div 2 + 5 \times 4$
$= 15.7 + 20 = 35.7(cm)$

343a~343b 창의력 학습

a (할인받은 금액)=$450 \times$(쿠폰 수), 11장

풀이 쿠폰 수와 할인받은 금액의 대응 관계를 식으로 나타내면
(할인받은 금액)=$450 \times$(쿠폰 수)입니다.
따라서 할인받은 금액이 4950원이라면 쿠폰은 $4950 = 450 \times$(쿠폰 수),
(쿠폰 수)=11장 사용하였습니다.

b 10분

풀이

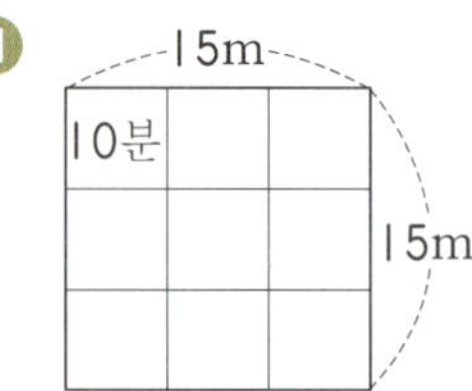

그림과 같이 한 변이 15m인 정사각형을 한 변이 5m인 정사각형으로 나누면 한 변이 5m인 정사각형이 9개 생깁니다. 따라서 한 변이 15m인 정사각형 모양의 꽃밭을 손질하는 데 1시간 30분이 걸리고, 1시간 30분=90분이므로 한 변이 5m인 정사각형 모양의 꽃밭을 손질하려면 10분이 걸립니다.

344a~345b 경시대회 예상문제

1 (1) 반 (2) 정 (3) 반

풀이 (1) $x \times y = 180$ ➡ 반비례
(2) $y = 6.28 \times x$ ➡ 정비례
(3) $x \times y = 20$ ➡ 반비례

2 $y=70\times x$

풀이 4시간에 280km를 달리므로 한 시간에는 70km를 달립니다.
한 시간에 70km, 2시간에 140km, …… 를 달리므로 x와 y의 대응 관계를 식으로 나타내면 $y=70\times x$입니다.

3 길이가 1m인 막대의 그림자 길이는 $4.8\div4=1.2$(m)입니다. 물체의 길이를 xm, 그림자의 길이를 ym라고 할 때, x와 y의 대응 관계를 식으로 나타내면
$y=1.2\times x$입니다.
$y=1.2\times x$에 $y=30$을 넣으면
$30=1.2\times x$, $x=25$
따라서 그림자의 길이가 30m인 어떤 건물의 높이는 25m입니다.
[답] 25m

평가 기준	
상	물체의 길이와 그림자의 길이의 대응 관계를 식으로 나타내고 답을 바르게 구한 경우
중	물체의 길이와 그림자의 길이의 대응 관계를 식으로 나타냈으나 답을 구하지 못한 경우
하	풀이 과정과 답을 구하지 못한 경우

4 6시간

풀이 x일 동안 하루에 y시간씩 일을 한다고 할 때, x와 y의 대응 관계를 식으로 나타내면 $x\times y=60$입니다.
$x\times y=60$에 $x=10$을 넣으면
$10\times y=60$, $y=6$
따라서 일을 10일 만에 마치려면 하루에 6시간씩 일을 해야 합니다.

5 50번

풀이 톱니바퀴 ㈏의 톱니 수를 x개, 돌아간 횟수를 y번이라고 할 때, x와 y의 대응 관계를 식으로 나타내면 $x\times y=750$입니다.
$x\times y=750$에 $x=15$를 넣으면
$15\times y=750$, $y=50$
따라서 톱니바퀴 ㉮가 30바퀴 돌아가는 동안 톱니바퀴 ㈏는 50번 돌아갑니다.

6 15분

풀이 물을 넣기 시작한지 10분 만에 물의 높이가 16cm가 되었으므로 1분 동안 채울 수 있는 물의 높이는
$16\div10=1.6$(cm)입니다.
물을 넣기 시작한지 x분 만에 물의 높이를 $y$cm라고 할 때, x와 y의 대응 관계를 식으로 나타내면 $y=1.6\times x$입니다.
물통의 절반까지 채우려면 물통의 높이가 40cm가 되어야 하는데 이미 16cm만큼 채워져 있으므로 24cm만큼 더 넣으면 됩니다.
$y=1.6\times x$에 $y=24$를 넣으면
$24=1.6\times x$, $x=15$
따라서 물통의 절반까지 채우는 데 15분이 더 걸립니다.

7 120m

풀이
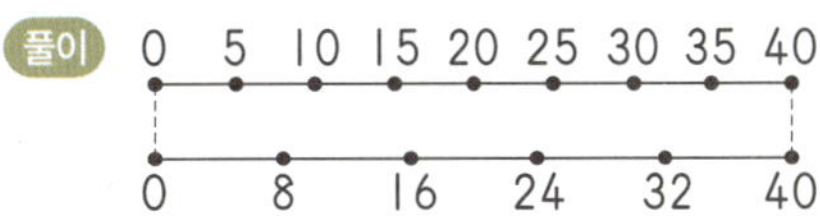

5와 8의 최소공배수인 40m마다 화분이 3개씩 차이가 납니다. 따라서 화분 9개가 남으므로 이 땅의 둘레는
$40\times3=120$(m)입니다.

8 배구공, 농구공

풀이 선택한 공을 ○표, 선택하지 않은 공을 ×표 하여 나타내면 다음과 같습니다.

	민준	유리	재웅	은성
축구공	○	×	○	×
배구공	×	○	×	○
농구공	×	○	○	×
야구공	○	×	×	○

따라서 유리가 선택한 공은 배구공과 농구공입니다.

9 51개

풀이 (전체 종이학의 수)$=84\times\left(1-\dfrac{1}{4}\right)$
$\qquad\qquad\qquad\qquad=63$(개)

(친구에게 준 종이학의 수)$=63\times\dfrac{5}{9}$
$\qquad\qquad\qquad\qquad\qquad=35$(개)
(동생에게 준 종이학의 수)

$$=(63-35)\times\frac{4}{7}$$
$$=16(개)$$

➡ (친구에게 준 종이학의 수)
  + (동생에게 준 종이학의 수)
  $=35+16=51(개)$

10 변 ㄱㅁ의 길이를 $x$cm라고 하면
직사각형 ㄱㄴㄷㅁ의 넓이와 삼각형 ㅁㄴ
ㄹ의 넓이의 비가 3 : 2이므로
$(x\times8) : (12\times8\div2)=3 : 2,$
$x\times8\times2=12\times8\div2\times3,$
$x\times16=144,\ x=9$
따라서 변 ㄱㅁ은 9cm입니다.
[답] 9cm

평가 기준	
상	식을 세우고 답을 바르게 구한 경우
중	식은 세웠으나 답을 구하지 못한 경우
하	풀이 과정과 답을 구하지 못한 경우

11 250cm

풀이 세 번째 튀어 오른 높이:
54cm
두 번째 튀어 오른 높이:
$54\div0.6=90$(cm)
첫 번째 튀어 오른 높이:
$90\div0.6=150$(cm)
처음 떨어진 높이:
$150\div0.6=250$(cm)
따라서 이 공은 처음에 250cm 높이에서
떨어졌습니다.

12 40분 후

풀이 1cm가 타는 데 양초 ㉮는 4분이 걸
리고 양초 ㉯는 10분이 걸립니다. 4와 10
의 공배수인 20분 단위로 예상합니다.
20분 후에 양초 ㉮는 5cm가 타서
$20-5=15$(cm)가 남고, 양초 ㉯는 2cm
가 타서 $14-2=12$(cm)가 남습니다.
40분 후에 양초 ㉮는 10cm가 타서
$20-10=10$(cm)가 남고, 양초 ㉯는
4cm가 타서 $14-4=10$(cm)가 남습니
다.
따라서 두 양초의 길이가 같아지는 때는
40분 후입니다.

1 $\dfrac{4}{5}$ 또는 0.8

풀이 $2.8\div3\frac{1}{2}=\dfrac{28}{10}\div\dfrac{7}{2}=\dfrac{28}{10}\times\dfrac{2}{7}$
$$=\dfrac{4}{5}$$

2 $1\frac{1}{4}$ 또는 1.25

풀이 $2\frac{2}{5}\div1.92=2\frac{2}{5}\div\dfrac{192}{100}$
$$=\dfrac{12}{5}\times\dfrac{100}{192}$$
$$=\dfrac{5}{4}=1\frac{1}{4}$$

3 3

풀이 $6\frac{3}{4}\div2.28=6.75\div2.28$
$$=2.96\cdots\cdots\ ➡\ 3$$

4 3.2m

풀이 (꽃밭의 세로)$=4\frac{4}{5}\div1.5$
$$=4.8\div1.5=3.2(m)$$

5 ㉡

풀이 ㉠ $4\frac{1}{5}\div1.2-0.7$
$=4.2\div1.2-0.7$
$=3.5-0.7=2.8$
㉡ $4\frac{1}{5}\div(1.2-0.7)=4.2\div0.5=8.4$
➡ ㉠<㉡

6 4, 3, 1, 2 / 2.575 또는 $2\frac{23}{40}$

풀이 $2.2+\dfrac{5}{8}\times(2.7\div1\frac{4}{5}-0.9)$
$=2.2+0.625\times(2.7\div1.8-0.9)$
$=2.2+0.625\times(1.5-0.9)$
$=2.2+0.625\times0.6$
$=2.2+0.375$
$=2.575$

7 5.35 또는 $5\frac{7}{20}$

풀이 $2\frac{1}{2}+4.8\div\frac{4}{5}\times0.6-\frac{3}{4}$

$=2.5+4.8\div0.8\times0.6-0.75$

$=2.5+3.6-0.75=5.35$

8 1.2 또는 $1\frac{1}{5}$

풀이 $(3\frac{7}{10}+1.2)\div1\frac{2}{5}\times\frac{4}{7}-0.8$

$=(3.7+1.2)\div1\frac{2}{5}\times\frac{4}{7}-0.8$

$=4.9\div\frac{7}{5}\times\frac{4}{7}-0.8$

$=\frac{49}{10}\times\frac{5}{7}\times\frac{4}{7}-0.8$

$=2-0.8=1.2$

9 1.5cm 또는 $1\frac{1}{2}\text{cm}$

풀이 사다리꼴의 높이를 $\square$ cm라고 하면

$(2\frac{2}{5}+3.8)\times\square\div2=4.65$

$\square=4.65\times2\div(2\frac{2}{5}+3.8)$

$=4.65\times2\div(2.4+3.8)$

$=4.65\times2\div6.2=1.5\text{(cm)}$

347a~348b

1 다, 마

2 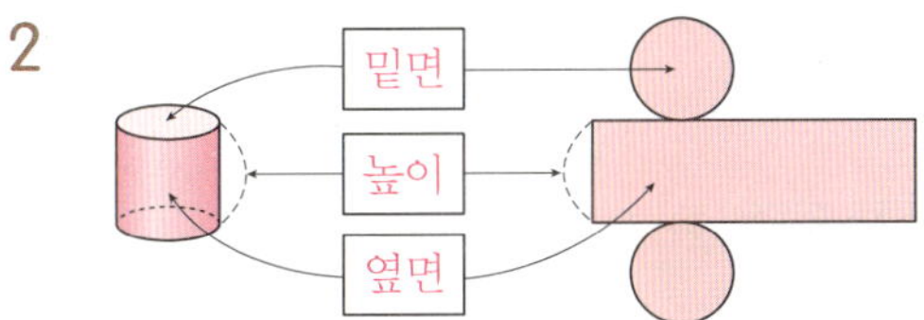

3 66.24cm

풀이 원기둥의 전개도에서 옆면의 가로의 길이는 한 밑면의 둘레와 같습니다.
따라서 직사각형 ㄱㄴㄷㄹ의 둘레는
$(25.12+8)\times2=66.24\text{(cm)}$입니다.

---

4 26cm

5 (위에서부터) 원, 2 / 원, 1

6 ④

7 ㉡

8 6cm

9 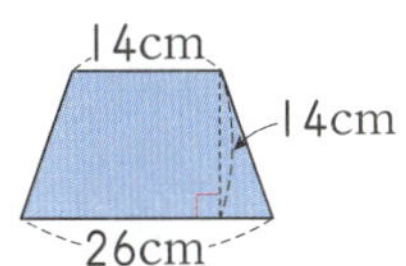

10

11

12

13 280cm^2

풀이 회전체를 회전축을 품은 평면으로 자른 단면은 다음과 같습니다.

(단면의 넓이)$=(14+26)\times14\div2$
$=280\text{(cm}^2)$

349a~350b

1 228cm^2

풀이 (직육면체의 겉넓이)
$=(9\times4)\times2+(9+4+9+4)\times6$
$=72+156=228\text{(cm}^2)$

2 502cm^2

풀이 (직육면체의 겉넓이)
$=(13\times8)\times2+(13+8+13+8)\times7$
$=208+294=502\text{(cm}^2)$

3 216cm^2

풀이 정육면체는 모든 모서리의 길이가 같으므로 한 모서리의 길이는 $72 \div 12 = 6$(cm)입니다.
(정육면체의 겉넓이)$= 6 \times 6 \times 6 = 216$(cm²)

4 222cm²

풀이 전개도를 접으면 다음과 같은 직육면체가 됩니다.

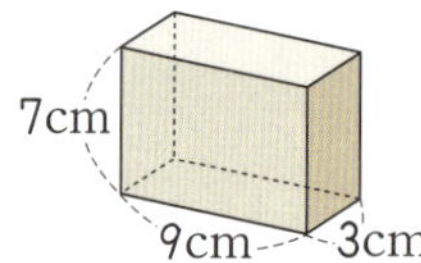

(직육면체의 겉넓이)
$= (9 \times 3) \times 2 + (9 + 3 + 9 + 3) \times 7$
$= 54 + 168$
$= 222$(cm²)

5 24개, 24cm³

풀이 부피가 1cm³인 쌓기나무가 $2 \times 4 \times 3 = 24$(개)이므로 직육면체의 부피는 24cm³입니다.

6 27개, 27cm³

풀이 부피가 1cm³인 쌓기나무가 $3 \times 3 \times 3 = 27$(개)이므로 직육면체의 부피는 27cm³입니다.

7 216cm³

풀이 (직육면체의 부피)$= 9 \times 6 \times 4 = 216$(cm³)

8 528cm³

풀이 (직육면체의 부피)$= 8 \times 11 \times 6 = 528$(cm³)

9 나

풀이 (가의 부피)$= 9 \times 5 \times 7 = 315$(cm³)
(나의 부피)$= 11 \times 10 \times 3 = 330$(cm³)
따라서 부피가 더 큰 직육면체는 나입니다.

10 512cm³

풀이 정육면체의 한 모서리의 길이를 □cm라고 하면 $□ \times □ = 64$, $8 \times 8 = 64$이므로 □$= 8$(cm)입니다.
(정육면체의 부피)$= 8 \times 8 \times 8 = 512$(cm³)

11 9

풀이 $5 \times 13 \times □ = 585$
□$= 585 \div 5 \div 13 = 9$(cm)

12 1000000개

풀이 1m³$= 1000000$cm³이므로 부피가 1cm³인 쌓기나무가 1000000개까지 들어갈 수 있습니다.

13 28.8m³

풀이 320cm$= 3.2$m, 150cm$= 1.5$m이므로 직육면체의 부피는 $6 \times 3.2 \times 1.5 = 28.8$(m³)입니다.

14 ⑤

풀이 ① 40000cm³$= 40$L
② 2.5L$= 2500$cm³
③ 8cm³$= 0.008$L
④ 630cm³$= 630$mL

15 20L

풀이 (그릇의 부피)$= 50 \times 25 \times 16 = 20000$(cm³)
1000cm³$= 1$L이므로 그릇의 들이는 20000cm³$= 20$L입니다.

16 16.2L

풀이 (그릇의 부피)$= 24 \times 15 \times 45 = 16200$(cm³)
1000cm³$= 1$L이므로 그릇의 들이는 16200cm³$= 16.2$L입니다.

17 2520cm³

풀이 돌덩이의 부피는 돌을 넣었을 때 늘어난 물의 부피와 같습니다.
(돌덩이의 부피)$= 35 \times 18 \times 4 = 2520$(cm³)

351a~352b

1 414.48cm²

풀이 (한 밑면의 넓이)$= 6 \times 6 \times 3.14 = 113.04$(cm²)
(옆넓이)$= 6 \times 2 \times 3.14 \times 5 = 188.4$(cm²)
(원기둥의 겉넓이)
$= 113.04 \times 2 + 188.4 = 414.48$(cm²)

2 282.6cm^2

풀이 (한 밑면의 넓이)$=3\times3\times3.14$
$=28.26(\text{cm}^2)$
(옆넓이)$=3\times2\times3.14\times12$
$=226.08(\text{cm}^2)$
(원기둥의 겉넓이)
$=28.26\times2+226.08=282.6(\text{cm}^2)$

3 791.28cm^2

풀이 (한 밑면의 넓이)$=6\times6\times3.14$
$=113.04(\text{cm}^2)$
(옆넓이)$=6\times2\times3.14\times15$
$=565.2(\text{cm}^2)$
(원기둥의 겉넓이)
$=113.04\times2+565.2=791.28(\text{cm}^2)$

4 200.96cm^2

풀이 원기둥의 반지름을 $\square$cm라고 하면
$\square\times2\times3.14=25.12$
$\square=25.12\div3.14\div2=4(\text{cm})$
(한 밑면의 넓이)$=4\times4\times3.14$
$=50.24(\text{cm}^2)$
(옆넓이)$=25.12\times12=100.48(\text{cm}^2)$
(원기둥의 겉넓이)
$=50.24\times2+100.48=200.96(\text{cm}^2)$

5 471cm^2

풀이 원기둥의 반지름을 $\square$cm라고 하면
$\square\times\square\times3.14=78.5$
$\square\times\square=78.5\div3.14=25$
$5\times5=25$이므로 $\square=5(\text{cm})$
(옆넓이)$=5\times2\times3.14\times10=314(\text{cm}^2)$
(원기둥의 겉넓이)
$=78.5\times2+314=471(\text{cm}^2)$

6 4

풀이 (한 밑면의 넓이)$=6\times6\times3.14$
$=113.04(\text{cm}^2)$
(옆넓이)$=6\times2\times3.14\times\square$
$=37.68\times\square$
(원기둥의 겉넓이)
$=113.04\times2+37.68\times\square$
$=226.08+37.68\times\square$
$=376.8(\text{cm}^2)$
$\square=(376.8-226.08)\div37.68=4(\text{cm})$

7 226.08cm^2

풀이 직사각형을 회전축을 중심으로 하여
한 번 돌리면 다음과 같은 원기둥이 만들
어집니다.

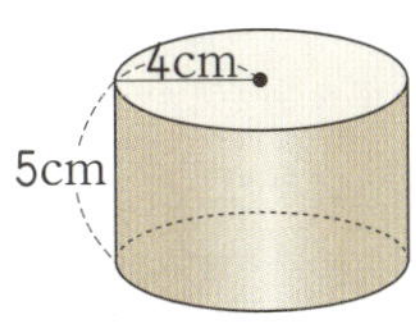

(한 밑면의 넓이)$=4\times4\times3.14$
$=50.24(\text{cm}^2)$
(옆넓이)$=4\times2\times3.14\times5=125.6(\text{cm}^2)$
(원기둥의 겉넓이)
$=50.24\times2+125.6=226.08(\text{cm}^2)$

8

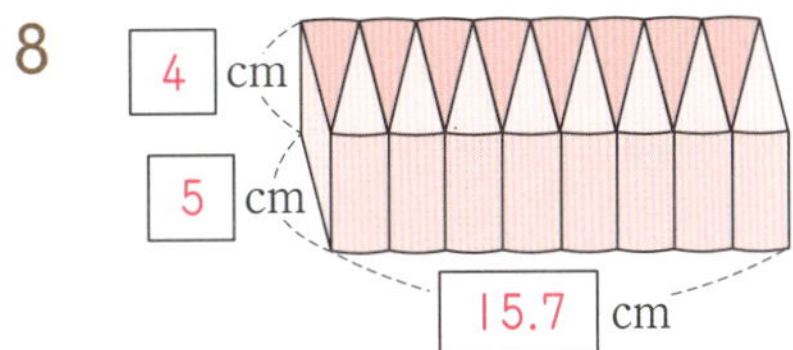

9 502.4cm^3

풀이 (원기둥의 부피)$=4\times4\times3.14\times10$
$=502.4(\text{cm}^3)$

10 565.2cm^3

풀이 (원기둥의 부피)$=6\times6\times3.14\times5$
$=565.2(\text{cm}^3)$

11 310.86cm^3

풀이 (원기둥의 부피)$=28.26\times11$
$=310.86(\text{cm}^3)$

12 5cm

풀이 원기둥의 높이를 $\square$cm라고 하면
$8\times8\times3.14\times\square=1004.8$
$\square=1004.8\div3.14\div8\div8=5(\text{cm})$

13 27배

풀이 (가 그릇의 부피)
$=2\times2\times3.14\times3=37.68(\text{cm}^3)$
(나 그릇의 부피)
$=6\times6\times3.14\times9=1017.36(\text{cm}^3)$
따라서 나 그릇의 부피는 가 그릇의 부피의
$1017.36\div37.68=27(\text{배})$입니다.

14 1004.8cm^3

풀이 (입체도형의 부피)
$=(7\times7\times3.14\times8)-(3\times3\times3.14\times8)$
$=1230.88-226.08=1004.8(\text{cm}^3)$

353a~353b

1 3

〔풀이〕 주사위 한 개를 던질 때 홀수의 눈이 나오는 경우는 1, 3, 5이므로 경우의 수는 3입니다.

2 6

〔풀이〕 백의 자리에 4, 6, 8을 각각 놓았을 때 십의 자리와 일의 자리에 놓일 숫자를 나뭇가지 그림으로 나타냅니다.

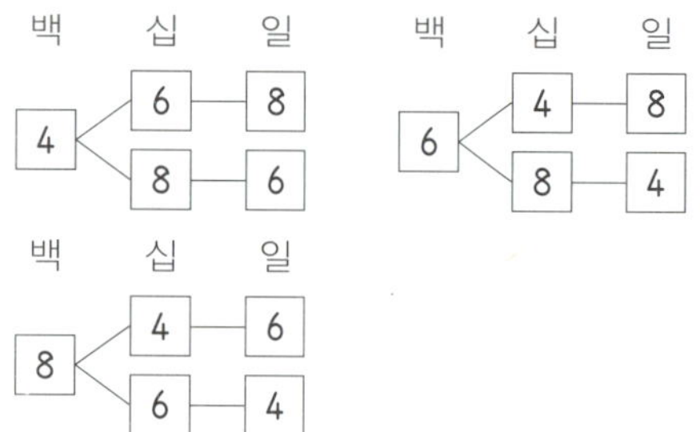

따라서 경우의 수는 6입니다.

3 10

〔풀이〕 월요일부터 금요일까지 중 태권도를 배우러 가는 첫째 날을 먼저 정하고 나머지 둘째 날을 정하는 경우를 나뭇가지 그림으로 나타냅니다.

따라서 경우의 수는 10입니다.

4 4

〔풀이〕 학교에서 서점을 지나 도서관을 가는 경우의 수: 2

학교에서 서점을 지나지 않고 도서관을 가는 경우의 수: 2

학교에서 도서관을 가는 경우의 수:
$2+2=4$

5 $\dfrac{4}{9}$

〔풀이〕 공을 한 개 꺼낼 때 나올 수 있는 모든 경우의 수는 9이고, 짝수의 공이 나오는 경우는 2, 4, 6, 8이므로 경우의 수는 4입니다.

(확률)$=\dfrac{4}{9}$

6 $\dfrac{1}{2}$

〔풀이〕 100원짜리 동전 1개와 500원짜리 동전 1개를 던질 때 나오는 모든 경우의 수는 4이고, 서로 다른 면이 나오는 경우는 (100원, 500원)으로 짝을 지어 보면 (그림면, 숫자면), (숫자면, 그림면)이므로 경우의 수는 2입니다.

(확률)$=\dfrac{2}{4}=\dfrac{1}{2}$

7 $\dfrac{1}{9}$

〔풀이〕 주사위 2개를 던질 때 나오는 모든 경우의 수는 36이고, 두 눈의 합이 5가 되는 경우는 (1, 4), (2, 3), (3, 2), (4, 1)이므로 경우의 수는 4입니다.

(확률)$=\dfrac{4}{36}=\dfrac{1}{9}$

8 $\dfrac{1}{3}$

〔풀이〕 십의 자리에 1, 3, 4, 7을 각각 놓았을 때 일의 자리에 놓일 숫자를 나뭇가지 그림으로 나타냅니다.

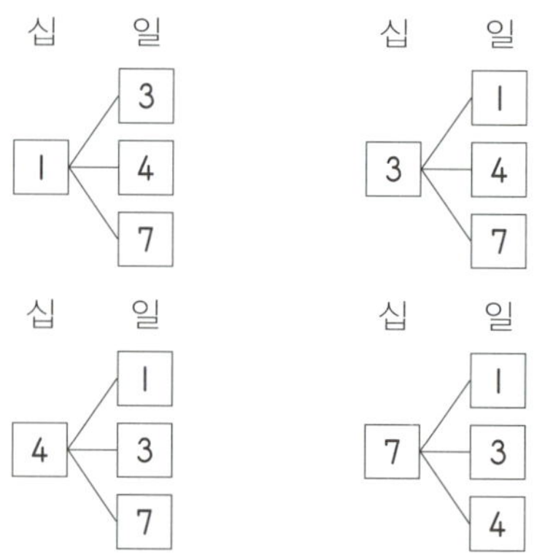

따라서 모든 경우의 수는 12이고, 45보다 큰 수가 만들어지는 경우는 47, 71, 73, 74이므로 경우의 수는 4입니다.

(확률)$=\dfrac{4}{12}=\dfrac{1}{3}$

354a~355b

1 $12-x=7$

풀이 줄어든 사탕의 수를 x로 하여 식으로 써 봅니다.
➡ $12-x=7$

2 $x+15=24$

풀이 x에 15를 더한 수는 24와 같습니다.
➡ $x+15=24$

3 $x\times3+5=26$

풀이 어떤 수 x의 3배에 $\underline{5를 더하면}$
$\underline{x\times3}$ $\overline{+5}$
$\underline{26과 같습니다.}$ ➡ $x\times3+5=26$
$=26$

4 $x-9\times4=6$

풀이 어떤 수 x에서 $\underline{9의 4배를 뺀 수는}$
$\underline{x}$ $\overline{-9\times4}$
$\underline{6과 같습니다.}$ ➡ $x-9\times4=6$
$=6$

5 ②, ⑤

6 ④

풀이 ① $x+5=7$ ➡ $4+5=7$
➡ 등식이 성립하지 않습니다.(거짓)
② $10-x=9$ ➡ $10-4=9$
➡ 등식이 성립하지 않습니다.(거짓)
③ $x\div3=2$ ➡ $4\div3=2$
➡ 등식이 성립하지 않습니다.(거짓)
④ $6-x\div2=4$ ➡ $6-4\div2=4$
➡ 등식이 성립합니다.(참)
⑤ $x\times3+7=16$ ➡ $4\times3+7=16$
➡ 등식이 성립하지 않습니다.(거짓)

7 3

풀이 $x=1$일 때, $5\times1-4=11$
➡ 등식이 성립하지 않습니다.(거짓)
$x=2$일 때, $5\times2-4=11$
➡ 등식이 성립하지 않습니다.(거짓)
$x=3$일 때, $5\times3-4=11$
➡ 등식이 성립합니다.(참)
$x=4$일 때, $5\times4-4=11$
➡ 등식이 성립하지 않습니다.(거짓)

8 ㉡

9 6, 6, 42

풀이 x만 남기기 위하여 양쪽에 6을 곱합니다.

10 5, 5, 24, 4, 24, 4, 6

11 $x=3$

풀이 $3\times x+5=14$
$(3\times x+5)-5=14-5$
$3\times x=9$
$(3\times x)\div3=9\div3$
$x=3$

12 $x=18$

풀이 $x\div2-7=2$
$(x\div2-7)+7=2+7$
$x\div2=9$
$(x\div2)\times2=9\times2$
$x=18$

13 $x=5$

풀이 $x\times4-8=12$
$(x\times4-8)+8=12+8$
$x\times4=20$
$(x\times4)\div4=20\div4$
$x=5$

14 $x=36$

풀이 $x\div6+3=9$
$(x\div6+3)-3=9-3$
$x\div6=6$
$(x\div6)\times6=6\times6$
$x=36$

15 $3500+900\times x=6200$, 3권

풀이 산 공책을 x권으로 하여 식을 간단히 나타냅니다.
$500\times7+900\times x=6200$
$3500+900\times x=6200$
$(3500+900\times x)-3500=6200-3500$
$900\times x=2700$
$(900\times x)\div900=2700\div900$
$x=3$
따라서 용택이가 산 공책은 3권입니다.

16 $6\times x+40=82$, 7개

풀이 맞힌 6점짜리 문제를 x개로 하여 식을 간단히 나타냅니다.

$$6 \times x + 5 \times 8 = 82$$
$$6 \times x + 40 = 82$$
$$(6 \times x + 40) - 40 = 82 - 40$$
$$6 \times x = 42$$
$$(6 \times x) \div 6 = 42 \div 6$$
$$x = 7$$

따라서 지은이가 맞힌 6점짜리 문제는 7개입니다.

17 4마리

[풀이] 소를 x마리로 하여 식을 간단히 나타냅니다.

$$4 \times x + 2 \times 8 = 32$$
$$4 \times x + 16 = 32$$
$$(4 \times x + 16) - 16 = 32 - 16$$
$$4 \times x = 16$$
$$(4 \times x) \div 4 = 16 \div 4$$
$$x = 4$$

따라서 소는 4마리입니다.

18 5cm

[풀이] 늘린 세로의 길이를 $x$cm로 하여 식을 간단히 나타냅니다.

$$(10 - 2) \times (7 + x) = 10 \times 7 + 26$$
$$8 \times (7 + x) = 96$$
$$8 \times (7 + x) \div 8 = 96 \div 8$$
$$7 + x = 12$$
$$7 + x - 7 = 12 - 7$$
$$x = 5$$

따라서 세로를 5cm 늘였습니다.

356a~356b

1 13, 14, 32 / 2

2 15, 20, 25 / $y = x \times 5$

3 24, 16, 12, 1 / $x \times y = 48$

4 ㉢

[풀이] ㉠ $y = 3 \times x$ ㉡ $y = 500 \times x$
㉢ $x \times y = 56$

5 (1) $y = 800 \times x$ (2) 28000원

[풀이] (1) 학생이 1명이면 입장료는 800원
학생이 2명이면 입장료는
$800 \times 2 = 1600$(원)

학생이 3명이면 입장료는
$800 \times 3 = 2400$(원)
따라서 학생 x명일 때, 입장료가 y원이면 y는 x에 정비례합니다.
➡ $y = 800 \times x$

(2) x의 값이 35일 때 y의 값을 구합니다.
$y = 800 \times x$ ➡ $800 \times 35 = 28000$(원)

6 (1) $x \times y = 600$ (2) 40분

[풀이] (1) 1분에 1L씩 채우는 데 걸리는 시간은 600분
1분에 2L씩 채우는 데 걸리는 시간은 300분
1분에 3L씩 채우는 데 걸리는 시간은 200분
따라서 1분에 xL씩 채우는 데 걸리는 시간이 y분이면 y는 x에 반비례합니다.
➡ $x \times y = 600$

(2) x의 값이 15일 때 y의 값을 구합니다.
$x \times y = 600$ ➡ $15 \times y = 600$,
$y = 600 \div 15 = 40$(분)

357a~357b

1 예

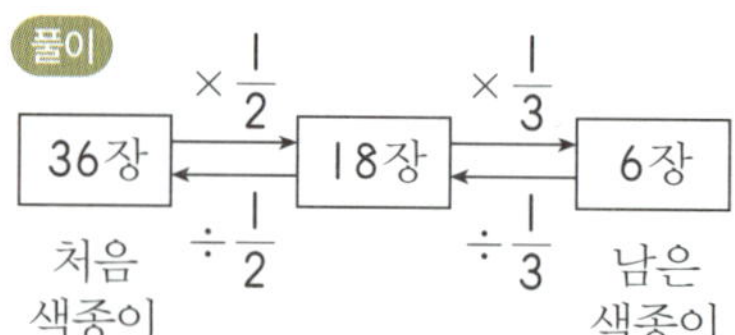

$96m^2$

[풀이] 색칠되지 않은 한 칸의 넓이가 $8m^2$이므로 전체 밭의 넓이는 $8 \times 12 = 96(m^2)$입니다.

2 36장

[풀이]

$$36장 \xleftarrow[\div \frac{1}{2}]{\times \frac{1}{2}} 18장 \xleftarrow[\div \frac{1}{3}]{\times \frac{1}{3}} 6장$$

처음 색종이   남은 색종이

3 32000원

[풀이] 처음에 가진 돈을 x원이라고 하여 식을 세웁니다.

(선물을 사고 남은 돈) $= x \times \left(1 - \frac{1}{4}\right)$

(동화책과 공책을 사고 남은 돈)
$= x \times \left(1 - \frac{1}{4}\right) - (9000 + 800 \times 5)$

남은 돈 11000원을 포함하는 등식을 세워 x의 값을 구합니다.

$$x \times (1 - \frac{1}{4}) - (9000 + 800 \times 5) = 11000,$$

$$x = 32000$$

따라서 처음에 민희가 가지고 있던 돈은 32000원입니다.

4 8개, 7개

> **풀이** [표를 작성하여 문제 해결하기]
> 귤과 사과의 개수를 합하여 15개가 되도록 표를 작성하고 과일값을 계산합니다.

귤(개)	사과(개)	과일값(원)
5	10	$350 \times 5 + 600 \times 10 = 7750$
6	9	$350 \times 6 + 600 \times 9 = 7500$
7	8	$350 \times 7 + 600 \times 8 = 7250$
8	7	$350 \times 8 + 600 \times 7 = 7000$

따라서 귤은 8개, 사과는 7개 샀습니다.
[예상과 확인을 통하여 문제 해결하기]
귤을 7개, 사과를 8개 샀다고 예상하면
$350 \times 7 + 600 \times 8 = 7250$(원)이므로 더 많이 사야 하는 과일은 귤입니다.
귤을 8개, 사과를 7개 샀다고 예상하면
$350 \times 8 + 600 \times 7 = 7000$(원)
따라서 귤은 8개, 사과는 7개 샀습니다.

5 15번

> **풀이** 2명씩 악수를 하도록 선을 이어 보면

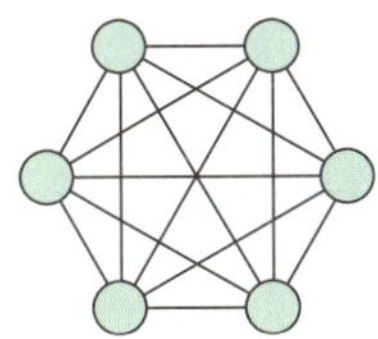

선은 모두 15개이므로 악수는 모두 15번 해야 합니다.

6 78.5cm^2

> **풀이** 원 2개의 색칠한 부분의 넓이는 반지름이 5cm인 원 1개의 넓이와 같습니다.
> (색칠한 부분의 넓이) $= 5 \times 5 \times 3.14$
> $= 78.5$(cm^2)

7 예

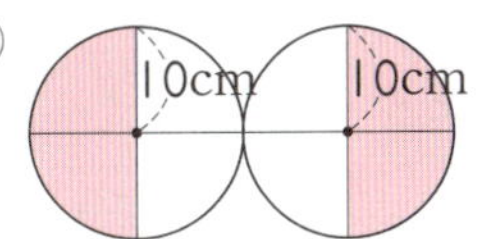

반지름이 10cm인 원 2개가 겹치지 않게 붙어 있습니다. 색칠한 부분의 둘레를 구하시오.
[답] 102.8cm

> **풀이** 원 2개에 색칠한 부분의 둘레는 반지름이 10cm인 원 1개의 둘레와 4개의 반지름의 합과 같습니다.
> (색칠한 부분의 둘레)
> $= 10 \times 2 \times 3.14 + 10 \times 4$
> $= 62.8 + 40 = 102.8$(cm)

358a~358b 창의력 학습

a 10

> **풀이** 표를 작성하여 문제를 해결합니다.

10점	3	2	2	1	1	1	0	0	0	0
8점	0	1	0	2	0	1	3	2	1	0
5점	0	0	1	0	2	1	0	1	2	3
합계(점)	30	28	25	26	20	23	24	21	18	15

b 첫 번째 사람 : 9개
두 번째 사람 : 6개
세 번째 사람 : 4개

> **풀이** (세 번째 사람이 먹기 전에 있던 옥수수의 수) $= 8 \times \frac{3}{2} = 12$(개)
>
> (두 번째 사람이 먹기 전에 있던 옥수수의 수)
> $= 12 \times \frac{3}{2} = 18$(개)
>
> (첫 번째 사람이 먹기 전에 있던 옥수수의 수)
> $= 18 \times \frac{3}{2} = 27$(개)

따라서 처음에 있던 옥수수는 27개이므로 각각 9개, 6개, 4개씩 먹었습니다.

359a~360b 경시대회 예상문제

1 (위에서부터) 1.2 또는 $1\frac{1}{5}$, 1.25 또는 $1\frac{1}{4}$

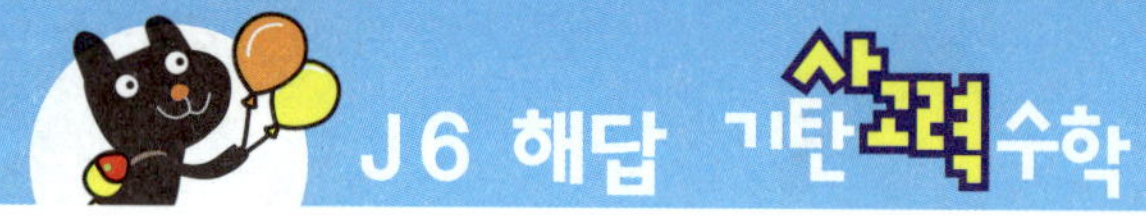

풀이 $0.9 \div \dfrac{3}{4} = 0.9 \div 0.75 = 1.2$

$2\dfrac{3}{5} \div \square = 2.08$

$\square = 2\dfrac{3}{5} \div 2.08 = 2.6 \div 2.08 = 1.25$

2 3.025

풀이 $(0.5 \div \dfrac{5}{8} - \dfrac{1}{4}) \times \dfrac{5}{22} + \square = 3.15$

$\square = 3.15 - (0.5 \div \dfrac{5}{8} - \dfrac{1}{4}) \times \dfrac{5}{22}$

$= 3.15 - (\dfrac{5}{10} \times \dfrac{8}{5} - \dfrac{1}{4}) \times \dfrac{5}{22}$

$= 3.15 - (\dfrac{4}{5} - \dfrac{1}{4}) \times \dfrac{5}{22}$

$= 3.15 - \dfrac{11}{20} \times \dfrac{5}{22}$

$= 3.15 - \dfrac{1}{8} = 3.025$

3 753.6cm²

풀이 페인트가 묻은 면의 넓이는 원기둥의 옆면의 넓이의 2배와 같습니다.
(페인트가 묻은 면의 넓이)
$= 4 \times 2 \times 3.14 \times 15 \times 2 = 753.6(\text{cm}^2)$

4 78.5cm²

풀이 회전체를 회전축을 품은 평면으로 자른 단면은 반지름이 5cm인 원이 됩니다.
(단면의 넓이) $= 5 \times 5 \times 3.14 = 78.5(\text{cm}^2)$

5 3.5cm

풀이 (가 그릇의 부피) $= 12 \times 10 \times 5$
$\qquad\qquad\qquad\quad = 600(\text{cm}^3)$
(나 그릇의 부피) $= 6 \times 2 \times 3 = 36(\text{cm}^3)$
나 그릇으로 물을 가득 채워 5번 덜어냈으므로 가 그릇에 남은 물의 부피는
$600 - 36 \times 5 = 420(\text{cm}^3)$입니다.
따라서 남은 물의 높이를 $\square$cm라고 하면
$12 \times 10 \times \square = 420$
$\square = 420 \div 12 \div 10 = 3.5(\text{cm})$

6 452.16cm², 565.2cm³

풀이 (입체도형의 겉넓이)
$= (6 \times 6 \times 3.14 \times 2) + (3 \times 2 \times 3.14 \times 4)$
$\quad + (6 \times 2 \times 3.14 \times 4)$
$= 226.08 + 75.36 + 150.72$
$= 452.16(\text{cm}^2)$
(입체도형의 부피)
$= (3 \times 3 \times 3.14 \times 4) + (6 \times 6 \times 3.14 \times 4)$
$= 113.04 + 452.16$
$= 565.2(\text{cm}^3)$

7 6

풀이 36과 48의 공약수 중에서 40보다 작은 수는 1, 2, 3, 4, 6, 12이므로 경우의 수는 6입니다.

8 $\dfrac{9}{20}$

풀이 가 지점에서 다 지점까지 가장 가까운 길로 가는 경우의 수는 다음과 같으므로 20입니다.

	다
1	4 · 10 · 20
1	3 · 6 · 10
1	2 · 3 · 4
가	

나 지점을 거쳐 가는 경우의 수는 다음과 같으므로 $3 \times 3 = 9$입니다.

	다
1	1(나) · 2 · 3
1	3 · 1 · 1
1	2 · ·
가	

➡ (확률) $= \dfrac{9}{20}$

9 $x = 4$

풀이 $\dfrac{x}{5} + 0.7 = 1\dfrac{1}{2}$

$(\dfrac{x}{5} + 0.7) - 0.7 = 1\dfrac{1}{2} - 0.7$

$\dfrac{x}{5} = 0.8$

$\dfrac{x}{5} \times 5 = 0.8 \times 5$

$x = 4$

10 4년 후

[풀이] 몇 년 후를 x년 후라고 하여 식으로 나타냅니다. ➡ $66+x=(10+x)\times5$
$x=1$일 때, $66+1=(10+1)\times5$(거짓)
$x=2$일 때, $66+2=(10+2)\times5$(거짓)
$x=3$일 때, $66+3=(10+3)\times5$(거짓)
$x=4$일 때, $66+4=(10+4)\times5$(참)
따라서 4년 후에 할아버지의 연세는 현교의 나이의 5배가 됩니다.

11 $x\times y=50$

12 철근의 길이가 2배, 3배, 4배, ……로 변함에 따라 철근의 무게도 2배, 3배, 4배, ……로 변하므로 정비례합니다.
굵기가 일정한 철근 5m의 무게가 12kg이므로 철근 1m의 무게는 $12\div5=2.4$(kg)입니다. 철근의 길이를 xm라 하고, 무게를 $y$kg이라고 할 때, x와 y의 대응 관계를 식으로 나타내면 $y=2.4\times x$입니다. 이 식에 $x=8$을 넣으면 $y=2.4\times8=19.2$이므로 철근 8m의 무게는 19.2kg입니다.
[답] 19.2kg

평가 기준	
상	철근의 길이와 무게의 관계식을 구하고 답을 바르게 구한 경우
중	철근의 길이와 무게의 관계식은 구하였으나 답을 구하지 못한 경우
하	풀이 과정과 답을 구하지 못한 경우

13 첫 번째 학생과 여덟 번째 학생 사이에 있는 학생은 6명이므로 성희네 모둠 학생은 모두 $2+6\times2=14$(명)입니다.
[답] 14명

평가 기준	
상	첫 번째 학생과 여덟 번째 학생 사이의 학생 수를 구하고 답을 바르게 구한 경우
중	첫 번째 학생과 여덟 번째 학생 사이의 학생 수는 구하였으나 답을 구하지 못한 경우
하	풀이 과정과 답을 구하지 못한 경우

J6 종료 테스트

1 6.65, 13.3

[풀이] $5.32\div\dfrac{4}{5}=5.32\div0.8=6.65$

$6.65\div\dfrac{1}{2}=6.65\div0.5=13.3$

2 $9\dfrac{2}{7}$cm

[풀이] (가로)$\times4.55=42\dfrac{1}{4}$이므로

(가로)$=42\dfrac{1}{4}\div4.55=\dfrac{169}{4}\times\dfrac{100}{455}$

$=\dfrac{65}{7}=9\dfrac{2}{7}$(cm)

3 0.35 또는 $\dfrac{7}{20}$

[풀이] $12.4\div\left(\dfrac{3}{5}+4.2\right)\times1\dfrac{1}{5}-2\dfrac{3}{4}$

$=12.4\div4.8\times1\dfrac{1}{5}-2\dfrac{3}{4}$

$=\dfrac{31}{10}-2\dfrac{3}{4}=3.1-2.75=0.35$

4 ㉠, ㉣

[풀이] ㉡ 원기둥의 밑면의 모양은 원이고, 각기둥의 밑면의 모양은 다각형입니다.
㉢ 원기둥의 옆면은 굽은면이고, 각기둥의 옆면의 모양은 직사각형입니다.

5 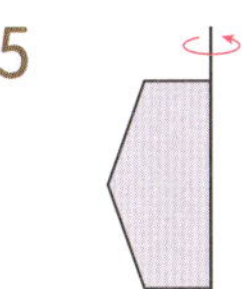

6 448cm^2

[풀이] (직육면체의 겉넓이)
$=(14\times7\times2)+(14+7+14+7)\times6$
$=196+252=448$(cm^2)

7 37.8L

[풀이] $45\times28\times30=37800$(cm^3)
$=37.8$(L)

8 810cm^3

[풀이]
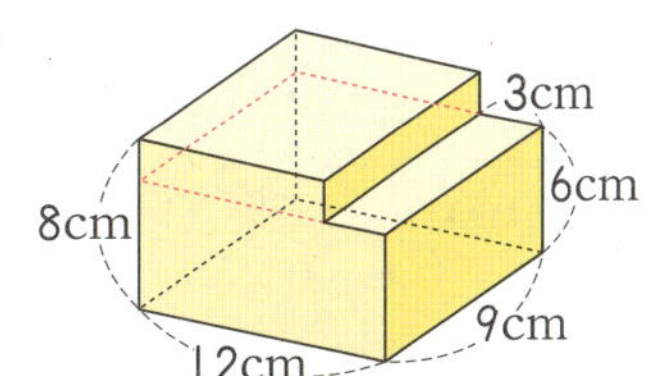

그림과 같이 두 부분으로 나누어 각각의 부피를 구한 후 더해 줍니다.
(입체도형의 부피)
$= (12-3) \times 9 \times (8-6) + 12 \times 9 \times 6$
$= 162 + 648 = 810 (\text{cm}^3)$

9 678.24cm^2

풀이 (밑면의 반지름)
$= 37.68 \div 3.14 \div 2 = 6 (\text{cm})$
(원기둥의 겉넓이)
$= (6 \times 6 \times 3.14) \times 2 + 37.68 \times 12$
$= 226.08 + 452.16$
$= 678.24 (\text{cm}^2)$

10 6.75cm

풀이 (왼쪽 원기둥의 부피)
$= 6 \times 6 \times 3.14 \times 12$
$= 1356.48 (\text{cm}^3)$
(오른쪽 원기둥의 한 밑면의 넓이)
$= 8 \times 8 \times 3.14$
$= 200.96 (\text{cm}^2)$
(오른쪽 원기둥의 높이)
$= 1356.48 \div 200.96 = 6.75 (\text{cm})$

11 4

풀이 (그림면, 1), (그림면, 2), (그림면, 3), (그림면, 6)의 4가지입니다.

12 24

풀이 4명이 한 줄로 서는 경우를 순서대로 생각해 봅니다.
선우가 가장 왼쪽에 오는 경우는
(선우, 하경, 민재, 우진), (선우, 하경, 우진, 민재), (선우, 민재, 하경, 우진), (선우, 민재, 우진, 하경), (선우, 우진, 하경, 민재), (선우, 우진, 민재, 하경)의 6가지이고, 나머지 3명이 가장 왼쪽에 오는 경우도 각각 6가지씩이므로 모든 경우는
$6 \times 4 = 24 (가지)$입니다.

13 12.5%

풀이 $(확률) = \dfrac{(당첨 제비의 수)}{(모든 경우의 수)}$
$= \dfrac{1+4+10}{120} = \dfrac{15}{120} = \dfrac{1}{8}$
이것을 백분율로 나타내면
$\dfrac{1}{8} \times 100 = 12.5 (\%)$입니다.

14 (1) 등식의 양변에서 같은 수를 빼도 등식은 성립합니다.
(2) 등식의 양변에 같은 수를 곱해도 등식은 성립합니다.

15 $x = 10$

풀이 $\dfrac{4}{5} \times x - 3 = 5$
$\dfrac{4}{5} \times x - 3 + 3 = 5 + 3, \ \dfrac{4}{5} \times x = 8$
$\dfrac{4}{5} \times x \div \dfrac{4}{5} = 8 \div \dfrac{4}{5}, \ x = 10$

16 3자루

풀이 은주가 산 볼펜을 x자루라 하면
$4500 + 900 \times x = 7200,$
$900 \times x = 2700, \ x = 3$
따라서 은주가 산 볼펜은 3자루입니다.

17 $3, 2, 1 \ / \ x \times y = 12$

18 ㉡, ㉣

풀이 $y = \square \times x$의 꼴로 나타낼 수 있는 식을 찾으면 ㉡, ㉣입니다.

19 민주에게 8개 줌, 누나에게 12개 받음, 10개가 남음 / 11개

풀이 동생에게 $\dfrac{1}{3}$ 주고 남은 $\dfrac{2}{3}$가 10개이므로 $\dfrac{1}{3}$은 5개이고, 주기 전에는
$10 + 5 = 15 (개)$를 가지고 있었습니다.
누나에게 12개를 받기 전에는
$15 - 12 = 3 (개)$가 있었고 민주에게 8개를 주기 전에는 $3 + 8 = 11 (개)$를 가지고 있었습니다. 따라서 지원이가 처음에 가지고 있던 구슬은 11개입니다.

20 예 $(x - 8 + 12) \times \left(1 - \dfrac{1}{3}\right) = 10,$ 11개

풀이 지원이가 처음에 가지고 있던 구슬을 x개라고 하면
$(x - 8 + 12) \times \left(1 - \dfrac{1}{3}\right) = 10,$
$(x - 8 + 12) \times \dfrac{2}{3} = 10, \ x - 8 + 12 = 15,$
$x - 8 = 3, \ x = 11$
따라서 지원이가 처음에 가지고 있던 구슬은 11개입니다.